도배기능사

윤석종 편저

일진사

머리말

공간예술의 꽃인 인테리어 작업을 마무리하는 도배작업은 생활공간을 더욱 새롭게 단장할 수 있는 멋진 직업임에도 숙련된 기술자가 턱없이 부족한 실정이다. 한꺼번에 짓는 아파트공사 같은 경우 전문적인 도배 업무를 수행하는 사람에게 의뢰하지 않고는 도저히 해낼 수가 없다. 이에 따라 건축 공정의 효율성을 기하고 산업 현장에서 요구되는 인력 수요를 충족시키기 위하여 전문적인 도배기술을 갖춘 인력 양성이 절실히 필요하다.

지금과 같은 추세가 계속될 때 도배기능사 자격증의 미래 전망은 매우 밝다고 할 수 있다. 이에 필자는 그동안 도배기능사 자격시험을 준비하는 수험생들이 마땅한 교재가 없어 불편을 겪고 있는 것을 보고, 다년간의 현장 경험과 강의 내용을 바탕으로 수험생들이 실기 시험에 대비할 수 있도록 알기 쉽게 정리하여 이 책을 만들게 되었다.

도배기능사 실기시험은 매년 4회씩 실시되는데, 수많은 수험생들의 궁금증이나 놓치기 쉬운 부분들을 집중적으로 분석하였으며, 도배의 기본과 실기 과정을 체계적으로 정리하여 도배기술 습득에 최소의 시간으로 최대의 효과를 거둘 수 있도록 다음과 같은 특징으로 내용을 구성을 하였다.

첫째, 지급된 재료 사용법, 요구사항 및 주의사항 등 자격시험 요령을 간략하게 설명하고, 도배작업에 필요한 기본 공구 및 용어 해설을 수록하였다.
둘째, 수검자가 반드시 알아야 할 기본지식을 일목요연하게 정리하였고, 실제 작업하는 과정을 사진으로 편집하여 응시자들의 이해를 도왔다.
셋째, 수검자들이 출제기준에 맞추어 쉽게 기술을 익힐 수 있도록 정리하였고, 한 번 더 복습할 수 있도록 **되짚어 보기** 를 만들어 주었다.

반복적으로 기능을 연마하여 실력을 쌓고, 시험이라는 관문을 거쳐 자격증을 손에 넣기까지 이 책이 중요한 역할을 하길 바라며, 이 책을 낼 수 있게 많은 도움을 주신 공학박사 백상엽 교수님, 이용관님, 차성호님, 친구 김진찬님, (주)백곰본드 이여원 전무님, 도서출판 **일진사** 편집부 직원에게 깊은 감사를 드린다.

저자 윤석중

도배기능사 출제기준(실기)

직무 분야	건설	중직무 분야	건축	자격 종목	도배기능사

○ 직무내용 : 건축물의 내부 마무리 공정 중의 하나로 자, 칼, 솔 등의 공구를 사용하여 건축구
　　　　　　조물의 천장, 내부벽, 바닥, 창호의 치수에 맞게 도배지 및 창호지를 재단하여 풀
　　　　　　및 접착제를 사용하여 부착하는 등의 직무이다.
○ 수행준거 : 1. 일반 도배지 및 특수 도배지 바탕처리를 할 수 있다.
　　　　　　2. 각종 도배지 재단을 할 수 있다.
　　　　　　3. 보수초배, 밀착초배, 공간초배 등 각종 초배작업을 할 수 있다.
　　　　　　4. 천장 바르기, 벽면 바르기, 창문 주위 바르기 등 각종 정배작업을 할 수 있다.

실기 검정방법	작업형	시험 시간	3시간 정도

실 기 과목명	주요항목	세부항목	세세항목
도배 작업	1. 수장 시공 도면 파악	1. 도면 기본 지식 파악 하기	1. 도면의 기능과 용도를 파악할 수 있다. 2. 도면에서 지시하는 내용을 파악할 수 있다. 3. 도면에 표기된 각종 기호의 의미를 파악할 수 있다.
		2. 기본 도면 파악하기	1. 도면을 보고 구조물의 배치도, 평면도, 입면도, 단면 도, 상세도를 구분할 수 있다. 2. 도면을 보고 재료의 종류를 구분하고 가공위치 및 가공방법을 파악할 수 있다. 3. 도면을 보고 재료의 종류별로 시공해야 할 부분을 파악할 수 있다.
		3. 현황 파악 하기	1. 도면을 보고 현장의 위치를 파악할 수 있다. 2. 도면을 보고 현장의 형태를 파악할 수 있다. 3. 도면을 보고 구조물의 배치를 파악할 수 있다. 4. 도면을 보고 구조물의 형상을 파악할 수 있다.

실 기 과목명	주요항목	세부항목	세세항목
	2. 수장 시공 현장 안전	1. 안전보호구 착용하기	1. 현장 안전수칙에 따라 안전보호구를 올바르게 사용할 수 있다. 2. 현장 여건과 신체 조건에 맞는 보호구를 선택 착용할 수 있다. 3. 현장 안전을 위하여 안전에 부합하는 작업도구와 장비를 휴대할 수 있다. 4. 현장 안전을 위하여 작업안전 보호구의 종류별 특징을 파악할 수 있다. 5. 현장 안전을 위하여 안전 시설물들을 파악할 수 있다.
		2. 안전시설물 설치하기	1. 산업안전보건법에서 정한 시설물설치기준을 준수하여 안전시설물을 설치할 수 있다. 2. 안전보호구를 유용하게 사용할 수 있는 필요장치를 설치할 수 있다. 3. 현장 안전을 위하여 안전시설물의 종류별 설치위치, 설치기준을 파악할 수 있다. 4. 현장 안전을 위하여 안전시설물 설치계획도를 숙지할 수 있다. 5. 현장 안전을 위하여 구조물 시공계획서를 숙지할 수 있다. 6. 현장 안전을 위하여 시설물 안전점검 체크리스트를 작성할 수 있다.
		3. 불안전시설 물 개선하기	1. 현장 안전을 위하여 기 설치된 시설을 정기 점검을 통해 개선할 수 있다. 2. 측정 장비를 사용하여 안전시설물이 제대로 유지되고 있는지를 확인하고 유지되고 있지 않을 시 교체할 수 있다. 3. 현장 안전을 위하여 불안전한 시설물을 조기 발견 및 조치할 수 있다. 4. 현장 안전을 위하여 불안전한 행동을 줄일 수 있는 방법을 강구할 수 있다. 5. 현장 안전을 위하여 안전관리요원의 교육을 실시할 수 있다.

실 기 과목명	주요항목	세부항목	세세항목
	3. 도배 시공 준비	1. 도배 시공 상세도 확인 하기	1. 현장 여건을 반영하여 시공 상세도를 해독할 수 있다. 2. 마감 작업이 바닥, 벽체 및 천장 마감선에 맞추어 시공 가능한지를 확인할 수 있다. 3. 시공 상세도를 확인하여 바닥, 벽체 및 천장 매설물의 여부를 파악할 수 있다. 4. 시공 상세도를 확인하여 줄눈 및 이질 바닥 이음부를 파악할 수 있다.
		2. 도배 작업 방법 검토 하기	1. 공정에 따른 작업 순서에 맞춰 자재 반입 일정을 수립할 수 있다. 2. 자재의 종류와 특성을 고려하여 작업 방법을 선정할 수 있다. 3. 시공성을 고려하여 작업 방법을 검토하고, 책임자와 협의할 수 있다. 4. 공사의 진척 사항을 파악하여 다른 공정과의 간섭을 방지할 수 있다.
		3. 도배 세부 공정 계획 하기	1. 공사 특성, 작업 조건을 고려하여 세부 공정계획을 수립할 수 있다. 2. 세부 공정표를 고려하여 인력, 자재, 장비 수급계획을 수립할 수 있다. 3. 타 공종과의 간섭사항을 파악할 수 있다. 4. 공사 지연에 따른 대비책을 수립할 수 있다.
		4. 도배 마감 기준선 설정 하기	1. 설정된 기준점을 확인하여 바닥, 벽체 및 천장 공사의 마감 기준점과 높이를 표시할 수 있다. 2. 먹매김을 통해 마감자재 나누기 점을 표시할 수 있다. 3. 마감 기준점을 확인하여 잘못 설정되었을 경우 수정할 수 있다.
		5. 가설물 설치 하기	1. 공사 규모와 방법에 따라 필요한 가설물을 파악할 수 있다. 2. 가설물 설치에 필요한 가설재의 소요량을 산출할 수 있다.

실 기 과목명	주요항목	세부항목	세세항목
			3. 가설물 설치에 따른 안전성을 검토할 수 있다. 4. 작업이 완료될 때까지 가설물의 이전이 최소화 되도록 최적 위치를 선정할 수 있다. 5. 가설물 해체에 대비해서 해체 방안을 마련할 수 있다.
	4. 도배 바탕 처리	1. 콘크리트면 바탕처리 하기	1. 쇠주걱, 정, 망치를 사용하여 콘크리트면 바탕을 면고르기 할 수 있다. 2. 바탕면을 확인하여 오염물을 제거할 수 있다. 3. 바탕면을 확인하여 균열, 구멍을 퍼티로 메울 수 있다. 4. 건조된 퍼티의 자국을 일직선, 또는 타원형 방향으로 연마하여 표면 처리할 수 있다.
		2. 미장면 바탕 처리하기	1. 그라인더를 사용하여 미장면 바탕을 면고르기 할 수 있다. 2. 바탕면을 확인하여 균열을 퍼티로 메울 수 있다. 3. 건조된 퍼티의 자국을 일직선 또는 타원형 방향으로 연마하여 표면 처리를 할 수 있다.
		3. 석고보드 합판면 바탕 처리하기	1. 석고보드·합판의 돌출된 타카핀을 보수하여 바탕면을 처리할 수 있다. 2. 석고보드·합판의 이음 부분을 보수초배할 수 있다. 3. 합판면을 밀착초배 또는 바인더를 도포할 수 있다.
	5. 도배지 재단	1. 무늬 확인 하기	1. 정배지를 확인하여 무늬의 종류를 파악할 수 있다. 2. 정배지의 재단을 위해 무늬 간격을 파악할 수 있다. 3. 설계도서와 현장 여건과 비교하여 무늬 조합을 파악할 수 있다.
		2. 치수재기	1. 현장 여건을 고려하여 정배지의 무늬를 조합할 수 있다. 2. 측정 도구를 사용하여 시공면의 길이와 폭을 측정할 수 있다. 3. 실측한 시공면 치수를 기준으로 필요한 도배지의 소요량을 결정할 수 있다.

실 기 과목명	주요항목	세부항목	세세항목
		3. 재단하기	1. 현장 여건을 고려하여 작업 공간을 선정하고, 기계 도구를 배치할 수 있다. 2. 현장 여건과 자재 특성을 고려하여 재단 작업을 할 수 있다. 3. 받침대가 일직선을 유지하도록 고정할 수 있다. 4. 도배 풀기계를 활용하여 도배지를 재단할 수 있다. 5. 천장, 벽, 바닥의 순서로 치수에 맞춰 재단할 수 있다.
	6. 초배	1. 보수초배 바르기	1. 천장, 벽을 확인하여 틈이 난 곳은 틈을 메울 수 있다. 2. 초배지를 벌어진 부분의 크기에 맞춰 재단할 수 있다. 3. 안지보다 겉지를 넓게 재단하여 전체 풀칠하고, 겉지 위에 안지를 바를 수 있다. 4. 공장에서 생산된 보수 초배지를 사용하여 시공할 수 있다.
		2. 밀착초배 바르기	1. 도배할 바탕에 좌우 또는 원을 그리며 골고루 풀칠할 수 있다. 2. 초배지를 마무리솔로 골고루 솔질하여 주름과 기포가 발생하는 것을 방지할 수 있다. 3. 초배지를 일정 부분 겹치도록 조절하여 바를 수 있다. 4. 도배 풀기계로 재단하여 밀착초배 바르기를 할 수 있다. 5. 이질재 바탕면은 바인더를 칠하여 바탕에서 베어나옴을 방지할 수 있다. 6. 수축, 팽창에 대비하여 보강 밀착초배 바르기를 할 수 있다.
		3. 공간초배 바르기	1. 초배지의 외곽 부분에 일정한 간격으로 풀칠할 수 있다. 2. 첫 번째 초배지를 일정 거리를 두고, 마무리솔로 솔질하여 바를 수 있다. 3. 초배지를 일정 부분 겹치도록 조절하여 바를 수 있다.

실 기 과목명	주요항목	세부항목	세세항목
			4. 돌출 코너 높이에서 하단 부분은 초배지를 일정 부분 보강해서 바를 수 있다.
		4. 부직포 바르기	1. 부직포 시공면의 양쪽 가장자리와 상단에 접착제를 도포할 수 있다. 2. 첫 번째 부직포를 하단부터 수평으로 바르고, 상단을 바를 수 있다. 3. 상·하 부직포의 겹친 부분은 접착제로 시공할 수 있다.
	7. 정배	1. 천장 바르기	1. 재단된 도배지에 수작업으로 풀칠 및 치마주름접기 작업을 할 수 있다. 2. 도배 풀기계를 사용하여 도배지 재단, 풀칠 및 치마주름접기 작업을 할 수 있다. 3. 도배지 특성에 따라 일정시간 경과 후 도배작업을 할 수 있다. 4. 마무리칼을 사용하여 간섭 부분을 마무리 처리할 수 있다. 5. 주름과 기포가 발생하는 것을 방지하기 위해 정배솔을 사용하여 골고루 솔질하고, 무늬를 정확하게 맞출 수 있다. 6. 도배지의 이음 방향은 출입구에서 겹침선이 보이지 않도록 바를 수 있다.
		2. 벽면 바르기	1. 재단된 도배지에 수작업으로 풀칠 및 치마주름접기 작업을 할 수 있다. 2. 도배 풀기계를 사용하여 도배지 재단, 풀칠 및 치마주름접기 작업을 할 수 있다. 3. 도배지를 풀칠한 순서대로 무늬를 맞춰 바를 수 있다. 4. 도배지의 이음 방향은 출입구에서 겹침선이 보이지 않도록 바를 수 있다. 5. 마무리칼을 사용하여 벽면 구석 부분을 마무리 처리할 수 있다. 6. 정배솔을 사용하여 도배지 표면을 물바름 방식으로 바를 수 있다.

실 기 과목명	주요항목	세부항목	세세항목
		3. 바닥 바르기	1. 장판지를 동일한 규격으로 나누고, 첫 장의 위치를 올바르게 설정하여 바를 수 있다. 2. 바르기 적합하게 장판지를 물에 불릴 수 있다. 3. 장판지를 바르기에 적합한 풀을 배합하여 보관할 수 있다. 4. 장판지를 따내기하여 일정한 간격으로 겹쳐 바를 수 있다. 5. 벽지와 장판지 작업이 완료되면 걸레받이를 바를 수 있다.
		4. 장애물 특정 부위 바르기	1. 장애물을 고려하여 재단한 도배지에 풀칠할 수 있다. 2. 풀칠한 도배지를 장애물 주위에 순서대로 바를 수 있다. 3. 장애물 주위의 도배지를 주름 없이 무늬를 맞춰 바를 수 있다. 4. 특정 부위에 맞는 접착제를 사용하여 도배지를 바를 수 있다.
	8. 검사 마무리	1. 도배지 검사 하기	1. 도배지의 시공품질을 확인하기 위하여 검사 체크리스트를 작성할 수 있다. 2. 육안 검사를 통하여 기포, 주름 및 처짐이 없는지, 무늬가 맞는지를 검사할 수 있다. 3. 도배지의 이음방향 및 이음처리를 검사할 수 있다. 4. 타 공종 및 장애물과의 간섭 부위에 대한 마감처리를 검사할 수 있다.
		2. 보수하기	1. 보수 유형별 발생 원인을 분석하고 보수 방법을 결정할 수 있다. 2. 보수 방법에 따른 자재, 인력, 장비의 투입 시기를 파악하고 보수할 수 있다. 3. 주위의 마감재가 손상 및 오염되지 않도록 보양하고 보수할 수 있다.

실 기 과목명	주요항목	세부항목	세세항목
			4. 보수작업 시 타 공종에 이차적인 피해를 끼칠 수 있는지를 파악하고 보수할 수 있다. 5. 보수작업 후 선행 작업 부위와 미관상 부조화 여부를 파악할 수 있다. 6. 보수가 완료되면 마무리 작업을 할 수 있다.
	9. 보양 청소	1. 보양재 준비하기	1. 바닥재의 오염 및 보양 기간을 고려하여 보양재를 준비할 수 있다. 2. 바닥재를 보호하기 위하여 자재 특성에 맞는 보양재를 준비할 수 있다. 3. 기후 변화에 따른 보양재와 방법을 준비할 수 있다. 4. 해체 및 청소가 용이하고, 친환경적인 보양재를 준비할 수 있다. 5. 외부 바닥재의 경우 직사광선, 우천에 대비하여 시트 등을 추가로 준비할 수 있다.
		2. 보양재 설치하기	1. 작업 여건을 고려하여 보양 방법을 선택할 수 있다. 2. 기후 변화에 따른 조치 작업을 할 수 있다. 3. 보행용 부직포, 스티로폼, 합판 등의 바닥보호재를 설치할 수 있다. 4. 바닥재 특성에 따라 일정 기간 보양재를 설치하고 유지 관리할 수 있다. 5. 보양재로 인한 바닥재의 오염·훼손 방지대책을 수립할 수 있다. 6. 타 공정의 간섭 관계를 고려하여 안전관리 대책을 수립할 수 있다.
		3. 해체 청소하기	1. 바닥재가 오염 및 훼손되지 않도록 보양재를 해체할 수 있다. 2. 현장 청소를 위하여 안전보호구 및 청소도구를 준비할 수 있다. 3. 바닥재가 오염·훼손되지 않도록 청소할 수 있다. 4. 관련 법규에 의거하여 해체된 보양재를 처리하여 현장을 정리정돈할 수 있다.

도배기능사 자격 정보

1 개요

한꺼번에 짓는 아파트공사 같은 경우 전문적인 도배 업무를 수행하는 사람에게 의뢰하지 않고는 도저히 해낼 수가 없다. 이에 따라 건축 공정의 효율성을 기하고 산업 현장에서 요구되는 인력 수요를 충족시키기 위하여 전문적인 도배기술을 갖춘 인력을 양성할 목적으로 자격제도가 제정되었다.

2 시험 실시 기관 및 홈페이지

한국산업인력공단, http://www.q-net.or.kr

3 자격 취득 방법

① 시행처 : 한국산업인력공단
② 훈련기관 : 공공직업훈련원이나 사업체 내 직업훈련원, 인정직업훈련원 등의 도배사 양성 과정(3개월 과정)
③ 시험 과목 – 실기 : 도배작업
④ 검정 방법 – 실기 : 작업형(3시간 정도)
⑤ 합격 기준 : 100점 만점에 60점 이상

4 출제 경향

자, 칼, 솔 등의 도배 공구를 사용하여 주어진 구조체의 천장, 내벽, 바닥, 기둥, 창호 주위 등에 도배지 등을 재단, 풀 및 접착제 등을 사용하여 부착하는 능력을 평가(공개도면을 참조)

5 실기시험 시 작업시간의 배분

■ **시험시간 : 3시간 20분**

❶ 전체 재단 : 30분

❷ 공정별 풀 개기 : 20분
- 초배 풀(묽은 풀) : 밀착초배
- 초배 풀(보통 풀) : 힘받이, 보수초배, 심지, 소폭벽지$\left(\text{보통 풀} + \dfrac{1}{2}\right)$
- 정배 풀(된풀) : 광폭벽지, 실크벽지
- 아주 된풀(생풀) : 공간초배, 부직포

❸ 초배 작업 : 1시간 20분
- 부직포 작업 : 10분
- 심지 : 5분
- 보수초배, 힘받이 : 20분
- 공간초배 : 30분
- A벽 밀착초배 : 15분

❹ 정배작업 : 1시간
- 천장 소폭벽지, A벽 소폭벽지 : 20분
- 광폭벽지 : 20분
- 실크벽지 : 20분

• **총 작업시간 : 3시간 10분 (10분은 점검시간이다.)**

※ 작업의 동선을 숙지하고, 재단의 치수, 풀 농도 구분(계절 고려), 기술 연마, 시간의 배분 등을 고려해서 작업 순서를 숙지한 후 작업을 수행한다.

6   도배기능사 실기시험에 필요한 공구

정배솔

풀귀얄(물풀용)

풀귀얄(된풀용)

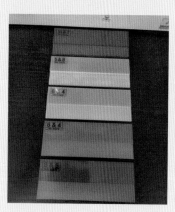

칼받이(3T~10T)

도련칼(주걱칼)

도련칼날(커터칼날)

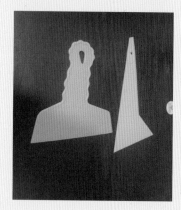

플라스틱헤라

도배용 롤러

줄자

공구집

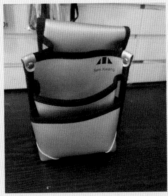

걸레주머니

거품기

재단자

쇠주걱

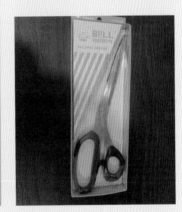

가위

■ 도배기능사 실기시험 외 필요한 공구와 부자재

발판(우마)

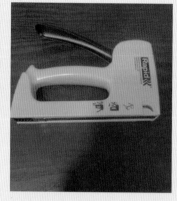

손타커

분줄

실리콘 건

도배용 스크레이퍼

장도리(망치)

습식2중지(롤 네바리)

건식3중지

롤 심지

부직포

롤 운용지

바인다

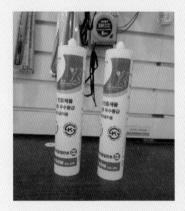

도배용 수성실리콘

도배용 본드씰

도배용 본드

현장용 공풀

도배용 공구

본드박스와 부직포

출처 : 한국산업인력공단
　　　한국풀상사(창원점)

7 도배관련 용어 해설

용어	해설
초배	정식으로 도배를 하기 전에 허름한 종이로 애벌로 하는 도배
정배	초배를 한 뒤에 정식으로 하는 도배
재단자	벽지 또는 초배지를 자를 때 사용하는 자
재단판	받침대
정배솔	벽지를 마무리하는 솔 또는 귀얄
풀귀얄	풀칠하는 데 사용
칼받이	• 반자돌림대 또는 창틀, 문틀의 마감 부위를 반듯하게 자를 때 사용 • 재질은 PVC와 에폭시가 있으며, 두께로는 2T~12T가 있다.
걸레받이	바닥과 만나는 벽 하단부의 보호대
도련	종이의 가장자리를 가지런하게 베는 일
도련자	도배지 자를 때 사용하는 자
도련칼(주걱칼)	도배지 자를 때 사용하는 칼
반자	방이나 마루에 종이나 나무로 반반하게 만든 천장
반자돌림	천장과 벽 사이 경계 부분
반자돌림대	벽과 반자가 맞닿는 곳에 둘러대어진 테(몰딩)

용어	해설
발판(우마)	작업 발판
도배용 롤러	벽지의 이음매 부분을 눌러주기 위해 쓰이는 도구
도배용 헤라	벽지 이음매 부분의 접착 강화를 위해 쓰이는 도구
도배용 공구집	정배솔 또는 도배용 롤러, 도배용 헤라, 도련칼 등 도배의 공구를 담는 도구
거품기	풀을 저어서 부드럽게 해주는 데 쓰이는 도구
분줄	수평, 수직을 구하고자 할 때 쓰이는 도구
손 타커	부직포를 마감 처리할 때 쓰이는 도구
도배용 스크레이퍼	벽지를 벗겨낼 때 또는 벽체, 바닥의 이물질을 제거할 때 사용하는 도구
바인다	도배지의 면을 접착 강화시킬 때, 수성페인트 위에 벽지를 바를 때, MDF 합판 위에 도포 후 벽지를 시공할 때 사용
도배용 수성 실리콘	도배할 때 몰딩의 틈을 메울 때 사용
도배용 본드씰	몰딩 위 벽지를 바를 때 사용하며, 벽지의 접착 강화를 위해 쓰인다.
도배용 본드	벽지의 겹침 부분과 부직포를 시공할 때 사용하며, 벽체의 가장자리 부분을 접착 강화시키는 데 쓰인다.

Chapter 1 도배기능사에 필요한 핵심 이론

1 초배 ······ 26

1-1 초배의 정의 ······ 26

1-2 초배의 목적 ······ 26

1-3 초배의 분류 ······ 26
  1. 밀착초배(온통 바름) • 27
  2. 공간초배(띄움 시공) • 28

1-4 초배지 재단하기 ······ 29
  1. 보수초배, 힘받이 재단 • 30
  2. 운용지 – 심지 재단 • 31
  3. 천장 공간초배 재단 • 32
  4. 밀착초배 • 33
  5. 부직포 공간초배(C벽) • 33

1-5 초배 전체 과정(재단) ······ 34

1-6 초배지 풀칠 과정 ······ 39

2 정배 ······ 41

2-1 정배의 정의 ······ 41

2-2 정배의 목적 ······ 41

2-3 정배의 분류 ······ 41
  1. 종이벽지 • 41
  2. 실크벽지(B벽) • 42

2-4 정배지 재단하기 ······ 43
  1. 종이벽지 재단 • 44

　　　　2. 광폭벽지 재단 • 46

　　　　3. 실크벽지 재단 • 47

　2-5　정배지의 풀칠 과정 ·· 48

　2-6　풀 농도 ·· 51

　　　　1. 풀 농도에 따른 사용법 • 51

Chapter 2 　도배기능사 실기시험

　1. 요구사항 ·· 54

　2. 수험자 유의사항 ·· 57

　3. 도면 ·· 58

　4. 지급재료 목록 ·· 60

Chapter 3 　도배기능사 실기/실습

1 초배작업 ·· **62**

　1-1　부직포 공간초배(C벽) 시공 ··· 63

　　　　1. 하단 시공 • 63

　　　　2. 상단 시공 • 65

　1-2　보수초배와 힘받이 시공 ··· 67

　1-3　밀착초배(A벽) 시공 ··· 71

1-4 심지(B벽, C벽) 시공 ·· 74

1-5 천장 공간초배 시공 ·· 77

1-6 초배 전 과정 시공 실습 ·· 80

② 정배작업 ·· **93**

2-1 종이벽지의 정배 ·· 93

   1. 소폭벽지(천장) • 94

   2. 소폭벽지(A벽) • 98

2-2 광폭벽지의 정배 ··· 101

   1. 광폭벽지의 정배작업 방법 (1) • 103

   2. 광폭벽지의 정배작업 방법 (2) • 107

   3. 광폭벽지의 정배작업 방법 (3) • 111

   4. 광폭벽지의 정배작업 방법 (4) • 113

   5. 광폭벽지 시공 실습 • 115

2-3 실크벽지의 정배 ··· 119

   ■ 도배 전체 과정 따라하기 ·· 131

   ■ 도배(초배, 정배)작업의 완성도 ····································· 150

Chapter 4 도배기능사 도면 실습

1. 도배 실습 부스 구조 ·· 154

   ◙ 도배 실습 순서 • 155

   ◙ 재단 순서 • 156

2. 초배 – 1차 공정 157

   1. 힘받이+보수초배 작업 • 157

   2. 부직포 작업 • 158

   3. 운용지 (심지) 작업 • 158

3. 천장–2차 공정 159

   ■ 작업 순서 • 159

4. A벽–3차 공정 161

   ■ 작업 순서 • 161

5. C벽–4차 공정 163

   ■ 작업 순서 • 163

6. B벽–5차 공정 164

   ■ 작업 순서 • 164

부록 ▶ **도배기능사 가설물 도면**

■ 도배기능사 가설물 도면 166

■ 도배기능사 가설물 사진 170

Chapter

1

도배기능사에 필요한
핵심 이론

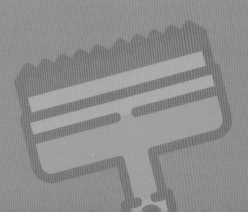

도배기능사에 필요한 핵심 이론

 **1** 초 배

1-1 초배의 정의

초배란 도배를 하기 위한 기초 작업을 말한다. 그러므로 초배 시공이 완벽하게 이루어져야 그 위에 바르는 정배로 완벽하게 시공할 수 있다.

1-2 초배의 목적

시공 면의 바탕에 면을 고르게 잡아주고 또 벽지의 색채, 탈색을 방지하며, 방음에도 도움이 된다. 또한, 정배작업을 용이하게 하기 위해서 시공하며, 실내습도 조절능력과 내장재에서 발산하는 유해한 물질을 방지하며, 정배지의 부착력을 강화하는 것에 그 목적이 있다.

1-3 초배의 분류

초배는 밀착초배, 공간초배로 분류된다.

① 밀착초배(온통 바름)

(1) 밀착초배(A벽)

① 초배지를 A벽에 빈틈없이 붙이는 것이다.

② 가장 기본적인 초배로 바탕면을 매끄럽게 하고, 벽지가 변질되거나 탈색됨이 없이 오래 견딜 수 있게 한다.

③ 정배지의 부착력을 높여주는 데 목적이 있다.

(2) 천장 힘받이(갓둘레붙임)

① 힘받이는 힘이 가해지는 것을 견뎌내는 것을 말한다.

② 천장면에 공간초배를 하기 전에 붙이는 작업이다.

③ 공간초배를 하기 위해선 힘받이를 붙인다.

④ 공간초배를 부착할 경우 풀이 마르면서 당겨지는 인장력을 막아주기 위한 작업이다.

(3) 심지(B벽, C벽)

① 벽지의 이음 부분이 벌어지는 것을 잡아주기 위해 운용지를 사용하여 벽지의 이음 부분이 심지의 중앙에 위치하도록 한다.

② 벽지간의 연결부분을 수축과 팽창으로 찢어지는 것을 방지하고, 벽지의 시공 시 접착이 용이하도록 하기 위한 초배지이다.

③ 부직포작업 시 부직포의 면에 벽지를 부착할 경우 풀이 마르면서 당겨지는 인장력에 의해 벽지의 이음매가 벌어질 수 있는데 이를 방지하기 위해 쓰이는 초배지이다.

☑ 공간초배(띄움 시공)

(1) 천장 공간초배

① 초배지를 밀착하지 않으며, 초배지의 공간 부분을 띄워 붙이는 공정을 말한다.

② 거친 바탕의 면에서 고운 도배의 면을 얻기 위한 기초 작업이다.

③ 도배할 바탕면을 평활하게 하고, 거칠어진 면을 감추어 보이지 않게 하는 작업이다.

(2) 보수초배

① 보수초배는 정배하기 위한 기초 작업이다.

② 보수초배는 2중지로 공간 부분을 띄워 붙이는 공정이다.

③ 보수초배는 겉지와 속지로 나누어진다.

④ 합판과 합판 사이 또는 석고보드의 틈새를 발라줌으로써 단차를 보이지 않게 해주는 데 쓰인다.

(3) 부직포 공간초배(C벽)

① 부직포의 뒷면 띄움 시공이며, 공간층에는 풀이 묻지 않도록 한다.

② 부직포를 밀착하지 않으며, 부직포의 공간 부분을 띄워 붙이는 작업이다.

③ 거친 바탕면에서 고운 도배의 면을 얻기 위한 작업이다.

④ 도배할 바탕면을 평활하게 하고, 거친 면을 감추어 보이지 않게 하는 작업이다.

⑤ 공간 부분을 띄우는 것은 도배의 면을 매끄럽게 하기 위함이다.

1-4 초배지 재단하기

정확한 재단을 얼마나 빨리 하느냐의 여부에 따라서 시간을 단축시킬 수 있다.

(1) 특징

도배작업에서 중요한 과정이다. 재단 시 치수가 정확치 않으면 작업이 어렵고 시험의 요구사항에 맞지 않으므로 감점 또는 실격에 해당될 수 있으니 정확한 재단을 하여야 한다.

(2) 분류

① 초배지

초배지에는 보수초배, 힘받이, 천장 공간초배로 나눠진다.

② 운용지

운용지 초배지는 심지가 있다.

③ 밀착초배와 부직포는 재단하지 않는다.

(3) 재단 순서

보수초배, 힘받이 → 운용지 → 천장 공간초배

1 보수초배, 힘받이 재단

① 초배지를 길이가 긴 쪽을 기준하여 온장 11장으로 폭 100mm×2군데, 폭 50mm×1군데 표시한 부분을 재단자를 이용하여 도련한다.

② 폭 100mm×길이 860mm인 22장 중 11장은 보수초배의 겉지로 사용하고, 나머지 11장은 힘받이용으로 사용한다.

③ 50mm×11장은 보수초배의 속지용으로 쓰인다.

④ 보수초배, 힘받이 재단하기

2 운용지 – 심지 재단

① 운용지 700mm×1,000mm인 4장을 길이가 긴 쪽을 기준하여 $\frac{1}{2}$로 접는다.

② $\frac{1}{2}$로 접힌 운용지를 폭 300mm에 표시한 다음, 재단자를 대고 도련하고, 길이 1,000mm×폭 300mm로 8장을 만든다.

③ 다시 재단된 심지를 2등분(150mm)으로 접기를 한다.

④ 심지 재단하기

3 천장 공간초배 재단

① 초배지 450mm×860mm인 15장을 길이가 긴 쪽을 기준하여 초배지 1장을 $\frac{1}{2}$로 접어서 초배지 위에 올려놓고 접힌 부분을 재단자를 대고 도련한다.

② 각 초배지를 15장씩 2묶음으로 만든다.

③ 천장 공간초배 재단하기

4 밀착초배

초배지 450mm×860mm인 11장을 재단없이 A벽면에 밀착초배를 한다.

5 부직포 공간초배(C벽)

부직포 폭 1,100mm×길이 4,500mm인 1장을 B벽면에 공간초배를 한다.

1-5 초배 전체 과정(재단)

(1) 보수초배

보수초배의 겉지 100mm, 속지 50mm로 표시를 한 다음 도련한다.

(2) 심지(B벽, C벽)

① 운용지를 길이가 긴 쪽을 기준하여 $\frac{1}{2}$ 접기를 하고, 폭 300mm로 도련한다.

② 재단된 300mm를 다시 150mm로 접어준다(150mm 접힌 부분은 심지가 중앙에 위치하도록 한다).

(3) 천장 공간초배

① 초배지 1장을 $\frac{1}{2}$로 접어서 초배지 위에 올려놓고 접힌 부분을 재단자를 대고 도련한다.

② 각 초배지 15장을 대각선 방향으로 눌러주고, 접은 부위의 각을 잡아준다.

③ 대각선 방향으로 2등분을 접고, 모서리 중심 양면으로 주걱칼의 주걱을 이용하여 약 10~15mm 간격을 맞추어서 비늘 모양(계단식)으로 밀어내기를 해준다.

④ 15장의 초배지 중심부에 오른손을 대고, 왼손을 이용하여 대각선 방향으로 한번에 넘겨준다(3~4장씩 넘겨도 무방하다).

⑤ 각 초배지를 대각선 방향으로 접기(1차 삼각형)를 한 다음, 다시 2등분 (2차 삼각형)으로 접은 후, 초배지를 클립으로 고정해 둔다.

공간초배 접기

1. 초배지 1장을 $\frac{1}{2}$로 접어서 초배지 위에 올려놓고 표시된(접힌 부분) 부분을 재단자를 이용하여 도련한다.
2. 각 초배지를 15장씩 2묶음으로 만든다.
3. 각 초배지를 대각선으로 접고 가로(450mm), 세로(430mm) 부분에 각각 120mm 정도로 접은 후, 접은 부분을 주걱칼의 주걱을 이용해 눌러준다.
4. 대각선의 모서리 중심 양면으로 주걱칼의 주걱을 이용하여 약 10~15mm 간격을 맞추어 비늘 모양(계단식)으로 밀어내기를 해준다.
5. 대각선 방향으로 2등분 접기(1차 삼각형)를 한 다음, 다시 2등분(2차 삼각형)으로 하여 작은 삼각형 2묶음을 클립으로 고정해 둔다.

1-6 초배지 풀칠 과정

풀칠할 면에 골고루 풀칠하여야 하며, 풀덩어리(풀 알갱이)가 없도록 주의하여 작업한다.

(1) 초배지 깔기 순서

밀착초배 → 심지 → 보수초배, 힘받이

(2) 초배지 풀칠 순서

보수초배, 힘받이 → 심지 → 밀착초배 → 천장 공간초배(가장자리를 10~15mm 정도로 아주 된풀칠을 한다.)

(3) 초배지 풀칠하기

① 보수초배와 힘받이 → 보통 풀

　　심지 → 보통 풀

　　밀착초배 → 묽은 풀을 칠한다.

② 천장 공간초배와 부직포는 아주 된풀을 칠한다.

③ 초배지의 가장자리 면에 골고루 풀칠한다.

④ 초배지의 거친 면을 풀칠한다.

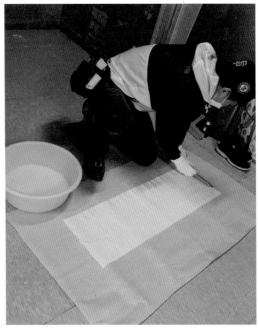

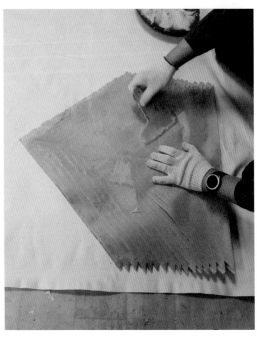

 **2 정 배**

2-1 ▶ 정배의 정의

정배는 천장과 벽, 바닥에 초배를 한 후 정식으로 하는 도배이다.

2-2 ▶ 정배의 목적

천장 또는 벽에 벽지를 붙여줌으로써 시각적인 만족과 실내의 쾌적한 공간 형성, 즉 시멘트에서 나오는 유해성분을 차단하여 인간이 거주하는 건축물의 내부 공간을 쾌적한 환경으로 만드는 데 그 목적이 있다.

2-3 ▶ 정배의 분류

정배의 벽지는 종이벽지와 실크벽지로 나뉜다.

■ 종이벽지

(1) 소폭벽지(천장, A벽)

① 종이벽지는 일반벽지(하급벽지)와 엠보싱벽지로 나누어지는데, 일반벽 지는 하급지로 쓰임이 많지 않아서 엠보싱벽지가 주로 사용되고 있다.

② 엠보싱벽지는 종이(원지)에 올록볼록하게 무늬를 넣어서 만들어진 벽지 이다.

③ 엠보싱벽지는 합지소폭, 합지광폭 또는 소폭벽지, 광폭벽지로 불린다.

④ 합지란 종이를 여러 장 합쳐서 만들어진 벽지이다.

⑤ 종이벽지는 겹침 부분이 있어서 시공하기가 편하다. 종이벽지 시공을 겹침 시공 또는 덧방 시공이라 한다.

⑥ 규격

530mm × 12,500mm (2평)

(2) 광폭벽지(C벽)

① 광폭벽지는 겹침 시공하여야 하며, 무늬벽지인 경우 무늬를 맞추는 것을 우선적으로 고려해야 한다.

② 광폭벽지는 무늬가 인쇄된 프린트 벽지 위에 맞춰 엠보싱 롤러로 눌러주면 무늬가 돌출되어 입체적인 효과를 얻을 수 있는데 이것이 종이벽지의 엠보싱벽지이다.

③ 엠보싱 롤러로 한쪽 면을 눌러 일정한 패턴의 무늬가 도드라지게 가공하여 백상지(白狀紙) 2겹 이상으로 만들어진 벽지이다.

④ 엠보싱벽지는 종이와 잉크를 함께 압력을 가해 꽃무늬, 입체적인 타원형 등으로 표면처리해서 만든 벽지이다.

⑤ 광폭벽지는 동조기법(同調技法)으로 엠보싱 무늬와 바탕색이 따로 놀지 않고 일치된 느낌으로 가공한 벽지이다.

⑥ 광폭벽지는 이음 부분의 겹침폭(겹침선, 포개지는 선) 기준으로 작업하되, 무늬를 우선 고려해야 한다.

⑦ 규격

920mm × 18,250mm (5평)

930mm × 17,700mm (5평)

2 실크벽지(B벽)

합성수지 제품 또는 염화수지비닐 제품이다.

① 실크벽지는 표면이 비닐이며, 뒷면에는 백상지로 배접한 것이다.

② 염화비닐 필름(PVC 가소제, 안정제, 충전제 등)에 원지(백상지) 2겹 이상 배접 코팅한 벽지이다.

③ 시중에 실크벽지라 불리는 것으로 실제 견사(繭絲) 소재를 사용한 것이 아니라 원지 위에 PVC 코팅한 벽지로, 표면의 질감이 실크처럼 나타나는 대중화되어 있는 제품이다.

④ 표면 마감의 자유도(自由度)가 매우 좋으며 색, 디자인, 무늬를 자유롭게 가공한 제품이다.

⑤ 실크벽지는 맞땜 시공한다. 맞땜 시공은 벽지의 연속되는 무늬 간격과 그 무늬의 이음 부분을 맞물리게 붙이는 것을 말한다.

⑥ 실크벽지는 풀칠하여 불림(잠재우기)을 하면 좋겠지만, 실기시험에서는 불림을 하지 않는다. (벽지의 상태를 고려)

> **참고**
>
> 불림(잠재우기)하는 이유는 풀이 벽지에 적당히 스며들면 부드럽게 되어 도배 시 벽지의 접힘이 방지되고, 무늬맞춤 등 시공 시 작업에 용이하기 때문이다. 실기시험에서는 벽지의 상태를 고려하여 불림을 하지 않고 시공하는 편이 시간과의 싸움에서 유리하므로 된풀칠을 하여 바로 시공을 한다.

⑦ 규격

   1,060mm × 15,400mm (5평)

   1,080mm × 14,800mm (5평)

2-4 정배지 재단하기

정배를 바탕면에 바르기 위해 적절한 치수로 재고 자르는 것을 말한다. 도배작업에서 중요한 과정이다. 재단이 정확치 않으면 작업이 어렵고 시간이 많이 걸리며 시험 요구사항에 맞지 않으므로 감점 또는 실격에 해당될 수 있다. 정확한 치수와 무늬가 있는 벽지는 무늬 맞추기를 하여야 한다.

(1) 정확한 재단을 위한 기본 사항

① 무늬가 있는 벽지는 치수를 정확하게 재고 재단을 한다.

② 재단자는 정확하게 일직선을 유지한다.

③ 칼날이 잘 들어야 한다.

④ 바른 자세가 중요하다.

(2) 재단 시 주의사항

① 치수는 정확한가?

② 일직선으로 바르게 잘렸는가?

③ 무늬 맞추기를 해서 잘렸는가?

(3) 재단의 종류

① 손 재단 : 벽지의 길이 방향에 치수를 정한 부분에 재단자를 대고 손으로 자르는 것을 말한다.

② 칼 재단 : 벽지의 길이 방향에 치수를 정한 부분에 벽지를 접어 칼로 반듯하게 자르는 것을 말한다.

(4) 재단 순서

소폭벽지(천장, A벽) → 광폭벽지(C벽) → 실크벽지(B벽)

■ 종이벽지 재단

천장 및 A벽체 벽지는 무늬가 없다. 천장의 겹침폭은 10mm로 시공하며, A벽체의 벽지 이음 부분의 겹침(포개지는 선)은 살짝 겹쳐지게 바른다.

(1) 천장 소폭벽지

① 2,100mm×4장

② 2,100mm×1장(커튼박스)

(2) A벽체 소폭벽지

① 2,400mm × 3장

② 400mm × 2장(문상)

플러스 ++

소폭벽지 재단

1. 소폭벽지는 여유분이 있으므로 실수가 있을 경우 다시 재단을 할 수 있다.

2. 소폭벽지를 뒤집어(속지) 겹침선 부분을 연필로 표시해 준다.

(3) 종이벽지 재단하기

손 재단

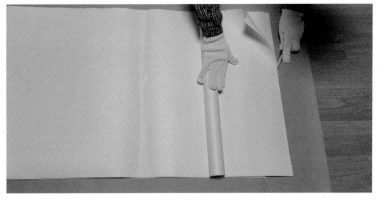

칼 재단

2 광폭벽지 재단

광폭벽지(C벽)는 무늬가 있으며, 감독위원이 무늬를 지정해 준다. 벽지의 이음부분은 무늬를 맞추어 작업을 수행한다.

(1) C벽체 재단

① 520mm × 3장(보 상부)
② 2,080mm × 3장(보 하부)

플러스⁺⁺

광폭벽지

1. 광폭벽지는 여유분이 없으므로 주의하여야 한다.
2. 광폭벽지를 뒤집어(속지) 벽지의 상단 부분을 연필로 표시해 준다.

---

(2) 광폭벽지 재단하기

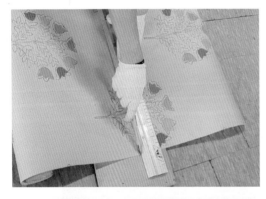

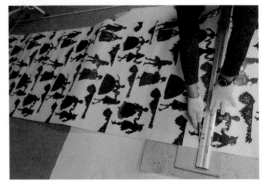

③ 실크벽지 재단

실크벽지는 감독위원이 무늬를 지정해 준다. 이음 부분에는 맞땜 시공하며, 무늬벽지인 경우의 이음 부분은 무늬를 정확히 맞추어 작업을 수행한다.

(1) B벽체 재단

2,600mm × 2장

플러스 ++

실크벽지 재단
1. 실크벽지는 여유분이 있으므로 실수가 있을 경우 다시 재단을 할 수 있다.
2. 실크벽지를 뒤집어(속지) 벽지의 상단 부분을 연필로 표시해 준다.

---

(2) 실크벽지 재단하기

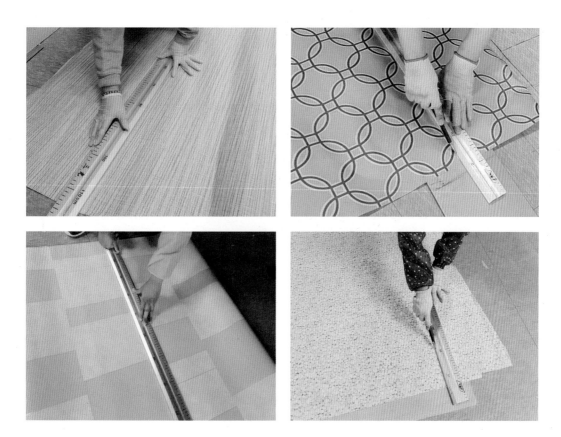

2-5 정배지의 풀칠 과정

풀칠할 면에 골고루 풀칠하여야 하며, 풀덩어리(풀 알갱이)가 없도록 주의하여 작업을 수행한다.

(1) 벽지의 깔기 순서

실크벽지(B벽) → 광폭벽지(C벽) → 소폭벽지(A벽) → 소폭벽지(천장)

(2) 풀칠의 순서

소폭벽지(천장) → 소폭벽지(A벽) → 광폭벽지(C벽) → 실크벽지(B벽)

(3) 정배지 풀칠하기

① 소폭벽지 풀칠하기와 접기

왼쪽 상단을 연동식 연결 동작을 하여 보통 풀로 풀칠하고, 2단 접기 또는 치마주름식 접기를 한다(평면 연동식의 풀칠하기).

② 광폭벽지 풀칠하기와 접기

㈎ 보 상부(520mm), 보 하부(2,080mm) 풀칠을 할 때 풀덩어리(풀 알갱이)가 없도록 하여 벽지의 가장자리 면에 골고루 풀칠한다.

㈏ 벽지의 접지는 2단 접기 또는 서로 마주보게 접는다.

③ 실크벽지 풀칠하기와 접기

㈎ 된풀로 가장자리를 주의하여 고르게 칠한다.

㈏ 벽지의 접기는 치마주름식 접기를 한다.

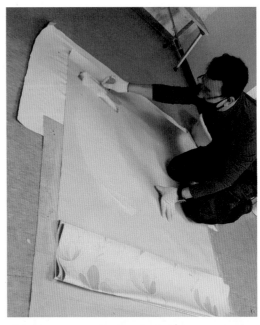

2-6 ▶ 풀 농도

풀 농도는 다음과 같이 구분하여 사용한다. 풀 농도를 구분하지 못할 경우는 실격에 해당될 수 있으니 주의하여 풀칠을 한다.

풀 농도

용도	밀착초배	종이벽지, 힘받이 보수초배, 심(단지) 바름	실크벽지	공간초배 부직포
구분	묽은 풀	보통 풀	된풀	아주 된풀

■1 풀 농도에 따른 사용법

- 시험 재료 : 1kg(큰 봉지 또는 작은 봉지로 지급)
- 시험 소재에 따라서 다소 차이는 있으나 풀 부족은 없다.
- 제일 먼저 비닐봉지 상태에서 양손으로 문질러 준다(풀이 엉겨서 뭉쳐 굳어지는 것을 풀기 위해).

(1) 10봉지 경우(작은 봉지일 경우)

① 5봉지

→ 묽은 풀로 만든다. 보수초배, 힘받이, 심지, A벽 밀착초배

② ①+2봉지(②~⑤는 풀만 더하여 사용한다. 물 사용은 금한다.)

→ 소폭벽지 : 천장 소폭벽지, A벽 소폭벽지

③ ①+②+1봉지 : C벽 광폭벽지

④ ①+②+③+1봉지 : B벽 실크벽지

⑤ 1봉지 : C벽(부직포), 천장 공간초배

(2) 6봉지 경우(큰 봉지일 경우)

① 2봉지

　　묽은 풀 → 보수초배, 힘받이, 심지, A벽 밀착초배

② ①＋1봉지 : 천장 소폭벽지, A벽 소폭벽지

③ ①＋②＋1봉지＋$\frac{1}{2}$봉지 : C벽 광폭벽지

④ ①＋②＋③＋1봉지 : B벽 실크벽지

⑤ $\frac{1}{2}$봉지 : 부직포(C벽), 공간초배(천장)를 사용한다.

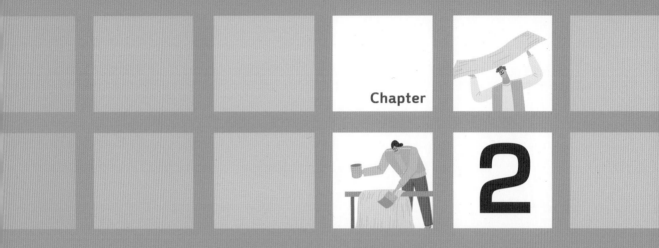

Chapter

2

도배기능사 실기시험

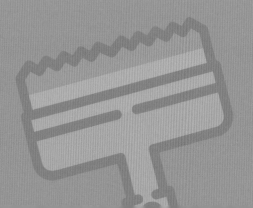

도배기능사 실기시험

자격종목	도배기능사	과제명	침실 정배

※ 실제 출제되는 시험문제 내용은 공개한 문제에서 일부 변형될 수 있음

※ 시험시간 : 3시간 20분

1 요구사항

※ 주어진 가설물에 지급된 재료를 사용하여 아래 조건에 따라 도면과 같이 도배
작업을 하시오.

가. 공통 사항

(1) A벽과 B벽의 합판 이음 부분과 보의 모서리(C벽), 출입문 부근의 모서리
에 각 초배지를 재단하여 보수초배하시오. 이때 보수초배는 속지(안지)끼리
10mm 겹침하여 연결하시오.

※ 천장 등 지정하지 않은 부분은 보수초배하지 않습니다.

(2) B벽의 실크벽지와 C벽(보 제외)의 종이벽지(광폭) 이음 부분에는 운용지를
재단하여 폭 300mm를 표준으로 심(단지) 바르기를 하시오.

(단, 벽지의 이음 부분이 심(단지)의 중앙에 위치하도록 하고, 부직포 공간
초배 부분은 부직포 위에 심(단지) 바르기를 하시오.)

(3) 심(단지) 바르기의 각 장의 겹침은 50mm로 하시오.

(4) 초배는 끝선에서 마감하시오.

(5) 정배작업은 천장과 벽체의 종이벽지를 모두 시공한 후 실크벽지를 시공하
시오.

(6) 종이벽지는 겹침 시공, 실크벽지는 맞댐 시공하며, 무늬벽지인 경우 벽지의
이음 부분의 무늬를 맞추어 작업하시오.

(단, 벽체에서 종이벽지 이음 부분의 겹침폭은 겹침을 위해 제작된 폭을 기준으로 하며, 천장에서 종이벽지 이음 부분의 겹침폭은 10mm로 하시오.)

(7) 정배 시 지정된 장소(C벽의 보 하부) 외에는 길이 방향으로 중간에 이음 및 겹침 없이 작업하시오.

(8) C벽에서 보 하부와 접하는 벽체 부분에 벽지의 겹침을 두어야 하며, 겹침폭은 10mm로 하시오. 이때 무늬를 맞춰서 작업하되 겹침폭을 고려하시오.

(9) 벽체의 인코너 부분에는 벽지의 겹침을 두어야 하며 겹침폭은 10mm로 하시오.

(10) 벽체의 무늬벽지 정배 시 벽체(C벽은 보) 상단의 벽지 무늬를 살려서 도배하시오.

(11) 벽체(C벽은 보)와 연결되는 커튼박스 부분 정배 시 쪽(벽지조각)을 사용하지 않고 벽체(C벽은 보)와 한 장으로 작업하시오.

(12) 정배작업 시 천장의 반자돌림대, 바닥의 걸레받이 부분, 창틀과 문틀은 칼질마감하시오. (단, 커튼박스 내부는 제외)

(13) 풀 농도는 다음과 같이 구분하여 사용하시오.

용도	밀착초배	종이벽지, 힘받이 보수초배, 심(단지) 바름	실크벽지	공간초배 부직포
구분	묽은 풀	보통 풀	된풀	아주 된풀

(14) 도배작업 후 반자돌림대, 걸레받이 및 창과 문틀에 묻은 풀은 깨끗이 제거하시오.

나. 공간초배(천장)

(1) 공간초배 시 천장의 4방 모서리에서 100mm까지는 밀착초배로 하고(힘받이), 힘받이와 힘받이 연결 시 겹침폭은 10mm, 힘받이와 공간초배의 겹침폭은 10mm로 하시오.

(2) 2등분한 각 초배지(30매 이상)를 이용하여 공간초배 작업을 하시오.

(3) 공간초배는 바깥쪽에서 붙이기 시작하여 가장 안쪽에서 최종 마무리하시오.

(4) 공간초배 시 가장자리 풀칠의 폭은 10mm로 하고, 공간층에는 풀이 묻지 않도록 하시오.

(5) 공간초배지의 겹침폭은 100mm 이상으로 하시오.

(6) 전등 및 화재감지기 가장자리 풀칠의 폭은 100mm로 하시오.

다. 밀착초배(A벽)

(1) 밀착초배지의 겹침폭은 10mm로 하시오.

(2) 밀착초배는 안쪽에서 붙이기 시작하여 가장 바깥쪽에서 최종 마무리하시오.

(3) 주름과 기포 없이 시공하시오.

(4) 커튼박스 내부 벽면은 밀착초배하지 않습니다.

라. 부직포 공간초배면(C벽)

(1) 보 부분을 제외하고 벽면 부분만 부직포 공간초배를 하시오.

(2) 부직포 초배지를 횡(수평) 방향으로 바르되, 하단(온장)을 먼저 바른 후 상단(온장)을 바르시오.

(3) 부직포 초배지는 마감 끝선까지 바르며, 가장자리 풀칠의 폭은 100mm로 하시오.

(4) 공간층에는 풀이 묻지 않도록 하시오.

(5) 콘센트 가장자리 풀칠의 폭은 100mm로 하시오.

마. 천장면(정배)

(1) 정배지(종이벽지)는 B벽과 평행(정면에서 볼 때 가로 방향)하게 붙이되, 안쪽부터 붙이기 시작하여 가장 바깥쪽에서 최종 마무리하시오.

  ※ 안쪽과 중간 부분의 벽지는 온장을 사용하되, 안쪽의 벽지는 50mm 이상 잘라내지 않도록 하시오.

(2) 커튼박스 내부는 종이벽지(소폭)를 사용하며, 인코너 부분은 10mm 겹침주어 붙이시오.

  ※ 커튼박스 내부의 정배는 몰딩 상단의 내부 벽체 끝선에서 마감하시오.

2 수험자 유의사항

(1) 지급된 재료에 이상(파손 및 부패)이 있을 때는 시험위원의 승인을 얻어 교환할 수 있으나, 수험자의 실수로 인한 것은 추가 지급 받지 못한다.

(2) 도면에서 지시한 사항 및 가설물의 치수를 반드시 실측한 후 작업한다.

(3) 무늬가 있는 벽지의 경우, 시험위원이 사전에 무늬의 상ㆍ하단을 지정하여야 하며, 수험자는 지정된 내용에 따라 작업하여야 한다.

(4) 한 벽면에 합판의 이음 부분이 2개소 이상인 경우, 시험위원이 지정한 가장 긴 수직 이음 부분 1개소만 보수초배한다.

(5) 화재감지기, 스위치, 콘센트는 덮개만을 분리하여 작업하며, 정배 후 제자리에 부착하여야 한다.

(6) 시험위원의 채점이 끝나면 수험자는 가설물의 도배지를 깨끗이 제거하여야 하며, 도배지를 제거하지 않을 경우 감점된다.

(7) 시험 중 수험자는 반드시 안전수칙을 준수해야 하며, 안전수칙을 준수하지 않았을 경우 감점된다.

(8) 다음 사항은 실격에 해당하여 채점 대상에서 제외된다.

① 지급된 재료 이외의 재료를 사용한 경우

② 시험 중 시설ㆍ장비의 조작 또는 재료의 취급이 미숙하여 위해를 일으킬 것으로 시험위원 전원이 합의하여 판단한 경우

③ 슬리퍼나 샌들류를 착용하고 시험에 응시하는 경우(응시 불가)

④ 시험시간 내에 요구사항을 완성하지 못한 경우

⑤ 완성된 작품에 화재감지기, 스위치, 콘센트, 전등의 덮개가 일부라도 제자리에 부착되어 있지 않은 경우

⑥ 시험시간 내에 제출된 작품이라도 다음과 같은 경우

㈎ 각각의 벽체, 천장에 대해 주어진 요구사항의 작업요소가 누락되거나 상이한 경우

㈏ 도면 및 요구사항의 치수내용에 대해 치수오차 ±20mm 이상인 경우(실크벽지의 이음 부분은 치수오차 ±2mm 이상인 경우)

　　　　※ 무늬맞추기의 치수오차 ±20mm 이상인 경우

　　　　※ 벽지의 이음 부분이 심(단지)의 중앙에서 50mm 이상 벗어난 경우

㈐ 초배지, 종이벽지, 실크벽지가 50mm 이상 파손된 경우

㈑ 도배 시 아래 기본 원칙을 지키지 않은 경우

　　㉮ 풀 농도 구분을 못할 경우

　　㉯ 도배지의 상, 하단이 바뀐 경우

　　㉰ 요구사항 (12)의 칼질마감 부분을 칼질 없이 마감한 경우

　　㉱ 종이벽지 겹침 이음 시 겹쳐지는 두 벽지의 끝단 형태가 동일한 경우

　　㉲ 천장면 정배 시 가장 안쪽의 벽지를 50mm 넘게 잘라낸 경우

㈒ 완성된 작품이 출제 내용과 다른 경우

3 도면

자격종목	도배기능사	과제명	침실정배	척도	N.S

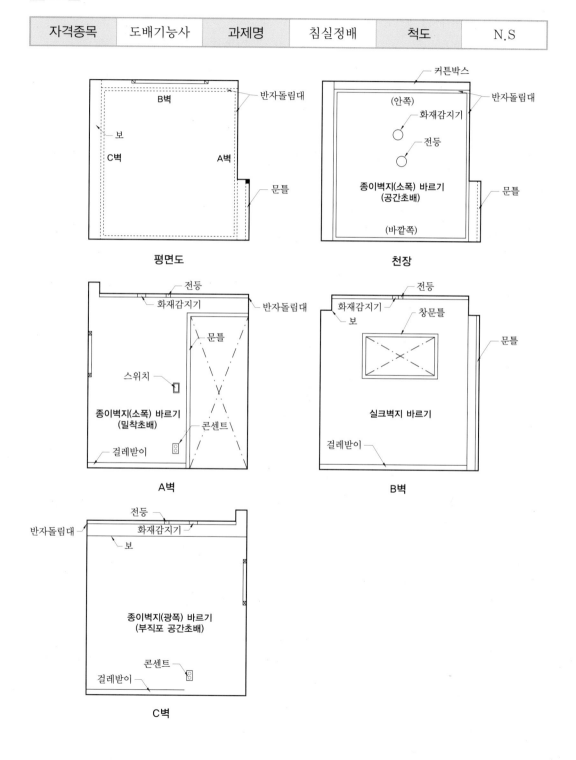

평면도

천장

A벽

B벽

C벽

4 지급재료 목록

일련번호	재료명	규격	단위	수량	비고
1	종이벽지(광폭)	폭 930mm	m	8.85	0.5롤 (무늬 있음)
2	종이벽지(소폭)	폭 530mm	m	25	2롤 (무늬 없음)
3	실크벽지	폭 1,060mm	m	7.8	0.5롤 (무늬 있음)
4	운용지	700×1,000mm	장	4	
5	각 초배지	450×860mm	장	40	
6	부직포 초배지	폭 1,100mm	m	4.5	
7	풀	1kg	장	6	

Chapter

3

도배기능사 실기/실습

도배기능사 실기/실습

1 초배작업

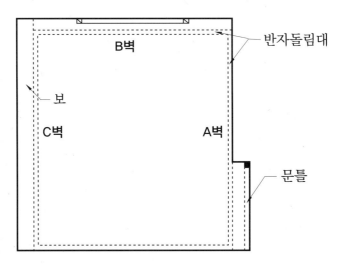

평면도

- 초배작업의 공정

  A벽 → 보수초배, 밀착초배

  B벽 → 보수초배, 심지

  C벽 → 보수초배, 심지, 부직포

- 시험장의 부스는 바깥쪽의 트인 공간 부분은 감독위원이 채점하기 위해 있는 공간이므로 벽체 부분이 막혀있다고 가정하여 시험에 임하도록 한다.

- 초배의 붙이는 시작은 합판의 끝선에 붙이고 합판의 끝선에 맞춰 도련한다.

1-1 부직포 공간초배(C벽) 시공

실기시험에서 제일 먼저 시작하는 작업이다. 부직포 공간초배는 아주 된풀
(생풀)로 작업을 수행한다.

■ 하단 시공

(1) 작업 지시

① 보 부분을 제외하고 벽면만 부직포 공간초배를 한다.

② 부직포 초배지를 가로(수평) 방향으로 바르고, 하단(온장)을 먼저 바른
후 상단(온장)을 바른다.

③ 부직포 초배지는 마감 끝선까지 바르며, 가장자리 풀칠 폭은 100mm로
한다.

④ 공간 층에는 풀이 묻지 않도록 한다.

⑤ 콘센트 가장자리 풀칠의 폭은 100mm로 한다.

(2) 작업 방법

① 부직포의 폭 1,100mm×길이 4,500mm인 1장을 가지고 C벽의 하단을
먼저 바른다.

② 부직포는 합판 마감 끝선까지 바르고, 가장자리 아주 된풀칠의 폭은
100mm로 하며, 콘센트 가장자리 폭은 100mm로 아주 된풀칠로 한다.

③ C벽 안쪽에서 시작하여 바깥쪽에서 마감하며, 하단 걸레받이 끝선을 기
준으로 하여 가로(수평) 방향으로 바른다.

④ 부직포 하단은 작업 후 콘센트를 모양대로 오려준다.

⑤ 부직포는 주름이나 처짐이 없도록 하며, 가장자리에 남는 부직포는 도련
한다.

되짚어
보기

부직포 공간초배 하단 시공

1. 시험이 시작되면 먼저 C벽면에 부직포 작업을 먼저 수행한다.
2. 시공 순서는 하단 → 상단 순으로 하며, 아주 된풀로 풀칠의 폭 100mm 합판 가장자리 (테두리) 3면과 콘센트의 주변에 풀칠한다.
3. 걸레받이 끝선과 일직선으로 붙이며, 바깥쪽의 합판 끝선에서 마감한다.
4. 주름을 안쪽에서 바깥쪽 방향으로 쓸면서 가되, 센 힘으로 솔질해서는 안 된다.

(3) 부직포 공간초배 하단 시공 실습

❶ C벽의 면에 ⊔형으로 폭 100mm로 아주 된풀칠을 한다.
❷ 가로(수평) 방향으로 붙이기 시작하며, 걸레받이의 끝선과 일직선을 유지하여 살짝 당기고 펴가면서 최종적으로 정배솔로 잘 쓸어서 마무리한다.
❸ 콘센트 모양대로 오려준다.

2 상단 시공

(1) 작업 지시

① 보 부분은 제외하고 벽면만 부직포 공간초배를 한다.

② 부직포 초배지를 가로(수평) 방향으로 상단(온장)을 바른다.

③ 부직포 초배지는 마감 끝선까지 바르며, 가장자리 풀칠의 폭은 100mm
　로 한다.

④ 공간 층에는 풀이 묻지 않도록 한다.

(2) 작업 방법

① 보 하부와 접하는 벽체 부분과 일직선을 유지하고, 살짝 당겨 부직포를
　평평하게 정배솔로 쓸어준다(약하게).

② 주름 또는 처짐이 없이 정배솔로 펴주며, 가장자리 남는 부분을 도련한다.

③ 부직포 가장자리의 하단과 상단을 포개지는 부분에 풀칠하여 고정한다.

부직포 공간초배 상단 시공

1. 부직포를 하단의 걸레받이 끝선에 맞추어 오른쪽 인코너 부분에 붙인 후 걸레받이의 끝
　선 방향으로 일직선으로 붙인다.
2. 보 하부와 벽체 부분 끝선에 일직선으로 붙인다.
3. 합판 가장자리 3면의 아주 된풀칠(한 봉지)의 폭은 100mm로 한다.
4. 합판 끝선에서 최종 마무리한다.

(3) 부직포 공간초배 상단 시공 실습

❶ 보와 접하는 벽체 부분에 수평으로 맞추어 붙여준다.

❷ 가장자리 남는 부분을 칼질로 마무리한다.

❸ 정배솔을 사용하여 주름과 늘어진 부직포를 평평하게 해준다.

1-2 보수초배와 힘받이 시공

시험 시작 전 재료 확인 시간에 초배지 11장, 11장, 15장을 분리시킨다.

(1) 작업 지시

① 보수초배와 힘받이 작업은 동시에 작업을 함으로써 작업시간을 단축시킬 수 있다.

② A벽과 B벽의 합판 이음 부분과 보의 모서리(C벽), 출입문 부근의 모서리에 각 초배지를 재단하여 보수초배를 한다. 이때 보수초배는 속지(안지)끼리 10mm로 겹침하여 연결하여야 한다.

③ 보수초배는 합판의 이음매 부분이 속지의 중심에 오도록 한다.

④ 천장 등 지정하지 않은 부분은 보수초배하지 않는다.

⑤ 초배는 끝선에서 마감한다.

⑥ 공간초배 시 천장의 사방 모서리에서 100mm까지는 힘받이로 한다.

⑦ 힘받이 겹침의 폭은 10mm로 한다.

⑧ 보수초배의 겉지 100mm×860mm인 11장, 속지 50mm×860mm인 11장, 힘받이 폭 100mm인 11장으로 하며, 보수초배와 천장 힘받이 작업은 동시에 진행한다.

⑨ 힘받이 겹침의 폭은 10mm로 하여 합판의 끝선에서 마감한다.

⑩ C벽 보 모서리(보수초배), C벽 쪽 천장(힘받이) → B벽 창상, 창하(보수초배), B벽 쪽 천장(힘받이) → A벽의 긴 합판 이음 부분 1개소, 출입문 문틀의 모서리 부분과 문상의 모서리 부분에 보수초배를 한다.

(2) 작업 방법

[발판(우마) 위에서 작업]

① C벽의 보 상부 모서리 부분에 보수초배를 하면서 C벽 쪽 천장 힘받이를 하며, 겹침폭은 10mm로 하여 작업을 수행한다.

② B벽 쪽 천장 힘받이를 하면서 B벽의 상단 부분(창)에 보수초배의 겹침폭은 10mm로 하여 작업을 수행한다.

③ A벽 쪽 천장 힘받이를 하면서 A벽의 상단 부분에 보수초배의 겹침폭은 10mm로 하여 작업을 수행한다.

④ 바깥쪽(정면에서 볼 때)에서 천장의 힘받이를 마무리한다.

⑤ C벽 쪽(보의 모서리에 보수초배, 천장의 힘받이) → B벽 쪽(천장의 힘받이, 창상 부분에 보수초배) → A벽 쪽(천장의 힘받이, 벽체의 상단 부분에 보수초배) → 바깥쪽 천장의 힘받이를 마무리한다.

[발판(우마) 없이 작업]

① B벽의 창 아래로 합판이음 부분을 보수초배한다.

② A벽의 합판이음 부분과 출입문 문틀의 모서리 부분을 보수초배 작업으로 최종 마무리한다.

되짚어 보기

보수초배, 힘받이 시공

1. 풀칠은 겉지에 하고, 그 위에 속지를 올려준다.
2. 붙이는 방법은 합판 끝선에서 맞추어 붙이기 시작하여 합판 끝선에서 마무리한다.
3. 보수초배의 속지끼리는 10mm 겹치도록 한다.
4. 힘받이는 천장의 끝선에서 맞추어 붙이기 시작하여 힘받이와 만나는 겹침은 10mm로 겹치도록 하고 천장의 끝선에서 마무리한다.

(3) 보수초배 시공 실습

❶ 겉지를 가로로 묽은 풀칠하고, 속지를 겉지 위에 놓는다.

❷ 합판의 이음턱이 속지의 중심에 오도록 한다.

❸ C벽의 보 상부 모서리, A벽의 출입구 모서리, 합판의 이음 부분의 겹침은 10mm로 하여 보수초배를 한다(10mm 겹침은 겹침에서 공기층을 유지시키기 위해서이다).

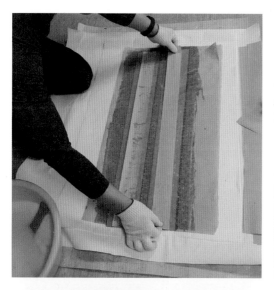

(4) 힘받이의 시공 실습

C벽 쪽 천장과 C벽의 보 상부 모서리 부분을 동시에 작업한다.

1-3 밀착초배(A벽) 시공

초배지가 완전히 밀착(공기층)되지 않을 경우 또한 주름이 생기는 경우가 없도록 주의하여 작업을 수행한다.

(1) 작업 지시

① 붙이는 방향은 안쪽에서 바깥쪽으로 붙여주고 벽체의 끝선에 맞추어 붙인다.

② 밀착초배가 겹쳐지는 곳은 10mm씩 겹치도록 한다.

③ A벽의 반자돌림대(몰딩)는 끝선을 따라 밀착하여 초배작업을 한다.

④ 커튼박스 내부의 벽면에는 밀착초배하지 않는다.

⑤ 초배지는 재단하지 않으며, 온장 11장으로 밀착초배를 한다.

⑥ 가로 2장과 문상 1장으로 밀착초배를 한다.

⑦ 세로 4장×2줄로 초배지 11장을 밀착초배 한다.

(2) 작업 방법

① 초배지 3장을 풀칠하여 초배할 벽면에 비어있는 공간에 초배지를 붙이고, 붙인 초배지 1장을 떼어서 작업을 수행하도록 한다(시간 절약이 된다).

② 가로 2장과 문상 1장, 세로 4장×2줄로 하여 11장으로 작업을 하며, 초배지의 겹침폭은 10mm로 겹쳐지게 붙인다.

③ 초배지 3장을 묽은 풀칠하여 A벽의 인코너 부근에서 시작하여 가로 3장(문상 포함)을 붙인다. 붙이는 순서는 좌 → 우로, 겹침의 간격은 10mm이다.

④ 초배지 4장을 풀칠하여 벽에 붙인 후 1장씩 떼어서 작업한다. 붙이는 순서는 4장째는 우 → 좌로, 5장째는 좌 → 우로 하여 2장을 붙이며, 6장째는 우 → 좌로, 7장째는 좌 → 우로 초배지 4장을 붙인다. 벽에 스위치가 부착되어 있으면 도련하고 겹침은 10mm이다.

⑤ 초배지 4장을 풀칠하여 작업을 수행한다.

⑥ 8장째는 우 → 좌로, 9장째는 좌 → 우로 하여 초배지 2장을 붙인다.

⑦ 10장째는 좌 → 우로, 11장째는 우 → 좌로, 겹침 간격은 10mm로 해서 A벽의 밀착초배 작업을 마무리한다(콘센트는 도련한다).

⑧ 밀착초배 작업이 끝나면 작업의 상태를 확인하고, 공기층이 있을 시 솔질하여 공기층을 뺀 후 다음 공정으로 넘어간다.

⑨ 이 방식대로 하면은 4겹이 모인 곳은(네 귀모임) 크기가 정사각형이 된다.

⑩ 정사각형으로 되어 있는지에 따라서 10mm 겹침의 간격을 알 수가 있다.

⑪ 위의 작업 방법은 관습적으로 내려오는 기술적인 방식으로 딱종이(한지)를 붙이는 데 유용하게 쓸 수 있는 기술적인 방법이기도 하다.

되짚어 보기

밀착초배 시공

1. A벽의 보수초배를 한 후 그 위에 밀착초배를 한다(11장).
2. 밀착초배는 안쪽에서 시작하여 바깥쪽으로 붙여주고, 합판의 끝선에서 마무리한다.
3. 밀착초배의 겹침폭은 10mm씩 겹치도록 한다.
4. 두 번째 초배지는 문상까지 붙인 후, 문상의 모서리에 맞추어 도련하고 문틀 부분을 꺾어 붙인다.
5. 초배지의 문상 쪽으로 10mm 남기고 초배지를 접어서 도련한다.
6. 세 번째 초배지는 두 번째 초배지와 10mm 겹치도록 하여 문상에 맞추어 붙이고 합판 끝 선에서 도련한다.
7. 스위치 부분은 초배지를 평평하게 붙인 후 스위치의 모양대로 도련한다.

(3) 밀착초배 시공 실습

1-4 심지(B벽, C벽) 시공

- 심 붙이는 자리를 표시하여야 한다.
- B벽의 실크벽지와 C벽의 광폭벽지의 이음 부분에는 심지 바르기를 한다.
- 운용지의 거친 면을 풀칠하여 작업을 수행한다.
- 심(단지)이 완전히 밀착되지 않을 경우 또는 주름이 생기는 경우가 없도록 주의하여 작업을 수행한다.

폭 300mm로 재단된 운용지를 다시 2등분으로 접는다.

(1) 작업 지시

① B벽의 실크벽지와 C벽(보 제외)의 종이벽지(광폭) 이음 부분에는 운용지를 재단하여 폭 300mm로 하여 심(단지) 바르기를 한다.

② 벽지의 이음 부분이 심(단지)의 중앙에 위치하도록 하고, 부직포 공간초배부분에는 부직포 위에 심(단지) 바르기를 한다.

③ 심지 바르기의 각 장 겹침은 50mm로 한다.

④ B벽의 실크벽지와 C벽의 광폭벽지에는 운용지를 재단하여 폭 300mm로 심지 바르기를 한다.

⑤ 심지의 폭은 300mm×1,000mm인 8장으로 만든다.

⑥ C벽의 상단 부분, 중간 부분, 하단 부분을 3개소(930mm)×2군데로 표시를 한다.

⑦ 재단된 폭 300mm를 다시 2등분(150mm)으로 접는다.

⑧ 2등분(150mm)한 부분이 3개소의 중앙에 위치하도록 하고, 심지의 각 장 겹침은 50mm로 한다.

⑨ B벽의 1개소(1,060mm)를 표시하여 심지의 중앙에 위치하도록 한다.

(2) 작업 방법

① B벽은 오른쪽에서 왼쪽으로 붙이므로 오른쪽에서 왼쪽 방향으로 1,060mm로 표시한다(벽지의 늘어남이 심한 경우 사이즈를 조정하여 표시한다).

② B벽의 실크벽지 폭 1,060mm로 표시한 곳에 접힌 부분(150mm)을 심지의 중앙에 위치하도록 하여 주름이나 기포 없이 수직으로 바른다.

③ B벽의 심지는 창상(1장), 창하(2장) 3장을 바른다.

④ C벽에 광폭벽지의 폭 930mm×2개소로 표시한 곳에 접힌 부분(150mm)을 심지의 중앙에 위치하도록 하여 주름이나 기포 없이 수직으로 잘 쓸어 내려서 바르며, 각 장의 겹침은 50mm로 한다.

⑤ C벽은 바깥쪽에서 안쪽으로 붙이므로 심지를 붙이는 곳은 2개소이며, 5장을 붙인다.

⑥ C벽은 부직포 공간초배 부분은 부직포 위에 심지를 바르며, 겹침은 50mm로 한다.

⑦ 심지의 각 장 겹침 50mm 부분은 채점되는 부분이기에 주의하여 심지 바르기를 수행한다.

심지(B벽, C벽) 시공

1. 심지 붙이는 위치를 표시한다.
2. C벽은 바깥쪽에서 상단, 중간, 하단 부분을 3개소(930mm)×2군데를 표시를 한다.
3. B벽은 오른쪽에서 왼쪽 방향으로 벽지를 붙이므로 오른쪽에서 왼쪽 방향으로 창상 1,060mm×2개소, 창하 1,060mm×2개소로 표시한다.
4. C벽과 B벽의 심지를 붙이는 위치에 2등분(150mm)한 심지의 중앙에 위치하도록 한다.
5. 심지끼리 만나는 겹침은 50mm 겹치도록 붙인다.

(3) 심지(B벽, C벽) 시공 실습

❶ C벽의 심지를 붙이는 위치에 상단, 중간, 하단에 930mm로 표시한다.

❷ 2등분(150mm)한 부분이 표시(930mm)된 중앙에 위치하도록 하여 잘 쓸어내려 수직으로 붙인다.

❸ B벽은 오른쪽에서 왼쪽 방향으로 심지를 붙이는 창상(2개소), 창하(2개소)를 표시한다.

❹ 심지를 붙이는 장소는 C벽과 B벽이며, 겹침폭은 각각 50mm로 한다.

1-5 천장 공간초배 시공

천장 공간초배는 아주 된풀(생풀)로 작업을 수행한다. 천장 힘받이의 갓 부분 겹침폭은 10mm로 하며, 각 초배지 30장을 이용하여 작업을 수행한다.

(1) 작업 지시

① 2등분한 각 초배지(30장 이상)를 이용하여 천장 공간초배 작업을 수행한다(초배지 30장 이하 작업 시에는 실격에 해당된다).

② 천장 공간초배는 바깥쪽에서 붙이기 시작하여 가장 안쪽에서 최종 마무리한다.

③ 천장 공간초배지의 겹침폭은 100mm 이상으로 한다.

④ 전등 및 화재감지기 가장자리 풀칠의 폭은 100mm로 한다.

(2) 작업 방법

① 공간초배는 바깥쪽에서 붙이기 시작하여 가장 안쪽에서 마무리한다.

② 공간초배는 바깥쪽의 천장에서 붙이기 시작하여 A벽 쪽 천장에 6줄로 하고, 겹침폭은 120mm 정도로 붙인다(가로 방향).

③ 공간초배는 바깥쪽의 천장에서 붙이기 시작하여 B벽 쪽 천장에 5줄로 하고, 겹침폭은 120mm 정도로 붙인다(세로 방향).

④ 2등분한 초배지의 길이 430mm×6줄은 120mm 정도로 겹침을 하고, 폭 450mm×5줄은 120mm 정도로 하며 초배지의 30장을 공간초배한다.

⑤ 가로 6줄×세로 5줄인 30장으로 천장 공간초배를 마무리한다.

플러스 ++

천장 공간초배 시공 작업 방법

1. 각 초배지를 가로(450mm) 부분에 120mm 정도로 접은 후, 접힌 부분을 겹치도록 하여 가로 방향으로 6장을 붙인다(겹침이 120mm).
2. 각 초배지를 세로(430mm) 부분에 120mm 정도로 접은 후, 접힌 부분을 겹치도록 하여 세로 방향으로 5장을 붙인다(겹침이 120mm).

(3) 천장 공간초배 시공 실습

❶ 공간초배 시 힘받이와 만나는 공간초배의 겹침은 10mm로 겹쳐지게 붙인다.

❷ 가로 6장 × 세로 5장인 30장으로 공간초배 작업을 수행한다.

❸ 공간초배 마지막 공정이기에 최대한 시간을 단축하여야 한다(각 초배지 30장을 확인한 후 다음 작업을 수행한다). 실기시험에서 초배작업은 가급적 시간을 단축시킬 수 있도록 해야 한다.

[초배작업 시 주의할 사항]

- 부직포의 시공 후 콘센트 도련(刀鍊)
- 심지의 겹침폭 50mm 부분과 심지의 수직 상태
- 공간초배 30장 시공

천장 공간초배 시공

1. 바깥쪽에서 붙이기 시작하여 안쪽에서 최종 마무리한다.
2. 공간초배 시 힘받이와 만나는 공간초배의 겹침은 10mm로 한다.
3. 공간초배지와 공간초배지가 만나는 겹침은 120mm 정도 겹치도록 붙인다.
4. 전등, 화재감지기의 테두리는 폭 100mm로 아주 된풀칠을 한다.
5. 가로 6장과 세로 5장으로 하여 공간초배(30장)를 한다.

1-6 초배 전 과정 시공 실습

(1) 재단

❶ 보수초배(겉지, 속지) 100mm, 50mm로 표시한 다음 도련한다.

❷ 운용지 길이가 긴 쪽으로 $\frac{1}{2}$ 접은 후 폭 300mm로 도련한다.

❸ 초배지 한 장만 긴 쪽 길이를 $\frac{1}{2}$로 접는 다음, 접힌 부분을 재단자로 대고 15장을 자른다. 각 초배지를 대각선에 따라 도구를 이용하여 밀어내기 한다(비늘 모양으로 만든다).

❹ 접힌 부분을 대각선으로 접은 뒤 클립을 사용하여 고정시킨다(클립으로 고정해두는 것은 마지막 공정 부분(공간초배)을 하기 위해 보관).

(2) 부직포

❶ C벽의 부직포 시공할 ⊔형 면에 된풀칠을 한다.

❷ 부직포는 하단부터 먼저 바른 후 상단을 바른다.

❸ 하단에 있는 콘센트를 모양대로 도련한다.

(3) 심지

C벽의 심지 붙이는 자리를 중앙에 위치하도록 한다.

(4) 보수초배 및 힘받이

❶ 보수초배와 힘받이는 같이 풀칠한 후 힘받이와 C벽 보상부의 모서리를 같이 작업한다.

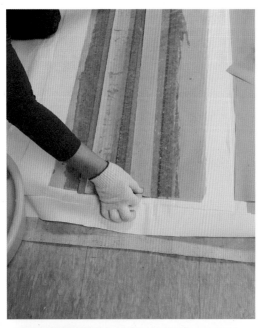

❷ 힘받이와 보수초배 작업 시 양손을 사용하므로 작업을 용이하게 할 수 있다.

(5) 밀착초배

A벽의 밀착초배(보수초배 후) 시 스위치와 콘센트 주변을 도련칼로 오려
낸다.

(6) 천장 공간초배

❶ 힘받이의 갓 부분에 10mm 겹침을 하여 바깥쪽부터 바르기 시작하여 가장 안쪽(B벽 쪽)에서 30장을 마무리 작업한다.

❷ 공간초배(15장)를 풀칠하여 A벽의 출입문 쪽 비어있는 공간에 붙여놓고 한 장씩 떼어서 천장 공간초배를 한다.

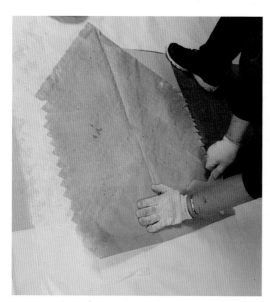

❸ 바깥쪽에서 시작하여 A벽 쪽으로 6줄로 시공을 한다(폭 450mm 쪽은 간격 120mm 정도로 겹치도록 한다).

❹ 바깥쪽에서 시작하여 안쪽(B벽 쪽)으로 5줄로 시공을 한다(길이 430mm 쪽은 간격 120mm 정도로 겹치도록 한다).

초배작업 요약하기

1. 초배 재단

① 보수초배와 힘받이

- 450mm × 860mm인 11장으로 보수초배와 힘받이를 재단한다.
- 폭 100mm × 22장(겉지 11장, 힘받이 11장)
- 폭 50mm × 11장(속지 11장)

② 밀착초배(A벽) : 450mm × 860mm인 11장으로 밀착초배를 한다.

③ 천장 공간초배 : 450mm × 860mm인 15장을 $\frac{1}{2}$로 재단하여 30장을 천장 공간초배한다.

④ 운용지(B벽, C벽) − 온장 4장 : 700mm × 1,000mm 운용지를 폭 300mm × 1,000mm인 8장을 재단하여 B벽(3장), C벽(5장)으로 심지 초배작업을 한다.

⑤ 부직포 공간초배(C벽) : 1,100mm × 4,500mm인 1장으로 하단을 먼저 바른 후 상단을 바른다.

2. 초배 풀칠 준비

① 깔기 순서

밀착초배 → 심지 → 힘받이와 보수초배의 겉지 2줄(속지의 부분은 따로 분류시킨다.)

② 풀칠 순서

보수초배와 힘받이 → 심지 → 밀착초배 → 공간초배

③ 시공 순서

부직포 → 보수초배와 힘받이 → 심지 → 밀착초배 → 공간초배

3. 초배작업 동선

① 부직포 시공(C벽)

② 보수초배, 힘받이

- C벽의 보 모서리 부분, C벽의 천장 → B벽, B벽의 천장 → A벽의 천장, A벽의 긴 합판의 이음 부분, 출입문의 모서리, 출입문의 문상 → 바깥쪽에서 최종 마무리한다.
- 순서는 보수초배와 힘받이 두 작업은 동시에 진행한다.

③ 심지(B벽, C벽) : C벽 → 5장, B벽 → 3장

④ 천장 공간초배$\left(초배\dfrac{1}{2}\right)$: 바깥쪽에서 붙이기 시작하여 가장 안쪽에서 최종 마무리(30장)를 한다.

⑤ 밀착초배(A벽) : 가로 2장과 문상 1장, 세로 4장×2줄로 초배지 11장을 작업한다.

4. 시험재료와 필요량 분석

- 초배지 40장 지급 → 37장 소요
- 부직포 1,100mm×4,500mm 지급 → 4,300mm 소요
- 심(단지) → 700mm×1,000mm인 1장 지급
  폭 300mm×1,000mm인 8장 지급

 **정배작업**

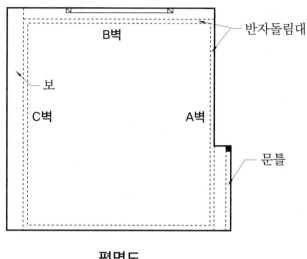

평면도

- 정배작업의 공정

  천장 → 소폭벽지

  A벽 → 소폭벽지

  C벽 → 광폭벽지

  B벽 → 실크벽지

2-1 종이벽지의 정배

- 종이벽지는 겹침 시공을 하며, 천장에서 종이벽지의 이음 부분 겹침폭은 10mm로 한다.
- A벽의 정배 시 벽지의 겹침선 부분만 포개어 바른다.
- 종이벽지(A벽)가 밀착(공기층)되지 않을 경우 또한 주름이 생기는 경우가 없도록 작업을 수행한다.

● 시험장의 부스는 바깥쪽의 트인 공간 부분은 감독위원이 채점을 위해 있
는 공간이므로 벽체 부분이 막혀있다고 가정하여 시험에 임하도록 한다.

■ 소폭벽지(천장)

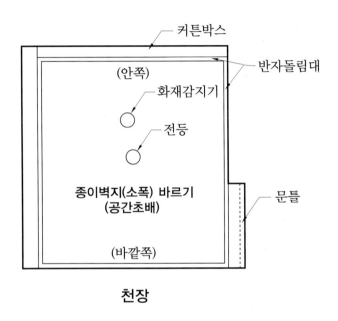

천장

(1) 작업 방법

재단

2,100mm × 4장

2,100mm × 1장(커튼박스)

(2) 작업 지시

① 2,100mm × 1장인 커튼박스 내부(중앙 170~180mm, 안쪽 140~150
mm)의 정배는 몰딩 상단의 끝선에서 마무리한다.

② 커튼박스 내부의 중앙 부분을 붙일 때 벽지의 폭 170~180mm 재단하
여 B벽 쪽으로 10mm 넘겨주며, C벽 쪽과 A벽 쪽 벽지의 가장자리를
10mm 넘어가게 하여 도련해 준다.

③ 커튼박스 내부의 안쪽 부분을 붙일 때 벽지의 폭 140~150mm 재단하여 몰딩의 끝선에 맞추어 일직선으로 붙이고, A벽 쪽과 B벽 쪽 벽지의 가장자리를 10mm 넘어가게 하여 도련해 준다.

④ 첫 장은 안쪽부터 붙이기 시작하여 가장 바깥쪽에서 최종 마무리한다.

⑤ 벽지의 겹침선은 커튼박스 방향으로 향하게 붙인다.

⑥ 2,100mm×4장을 가지고 B벽과 평행(정면에서 볼 때 가로 방향)하게 붙이고, 천장 반자돌림대(몰딩)에서 약 30mm 정도로 넘기고 시작하여 벽지의 겹침폭은 10mm로 해서 작업을 수행한다.

⑦ 겹침선은 주걱칼의 주걱을 이용하여 눌러주고, 풀은 물걸레를 이용해 잘 닦아준다.

⑧ 화재감지기는 덮개만을 분리하여 작업하며, 정배 후 덮개를 부착하여야 한다.

⑨ 천장 화재감지기와 소켓(전등) 부분은 정교하게 도련한다.

⑩ 천장 반자돌림대(몰딩) 부분에는 칼받이(5T)를 대고 벽지의 남은 부분을 도련한다.

⑪ 벽지의 겹침선이 벌어져 있는 부분이 있으면 주걱칼의 주걱으로 살짝 눌러주고 최종 마무리는 물걸레로 겹침선을 닦아준다.

되짚어 보기

소폭벽지(천장)

1. 커튼박스 내부의 중앙 부분과 안쪽 부분 면이 만나는 면을 10mm 겹치도록 하여 벽지의 끝선을 맞추어 붙인다.
2. 커튼박스 내부의 중앙 부분 170~180mm, 안쪽 140~150mm 재단하여 바르되 가설물의 치수를 실측한 후 작업을 한다.
3. 소폭벽지는 안쪽부터 붙이기 시작하여 가장 바깥쪽에서 최종 마무리한다.
4. 소폭벽지의 겹침선은 커튼박스 방향인 안쪽으로 향하게 붙인다.
5. 소폭벽지는 커튼박스 쪽으로 50mm 이상 넘겨 붙이지 않는다.
6. 전등과 화재감지기는 둥글게 원을 그리면서 도련한다.

(3) 소폭벽지(천장) 시공 실습

❶ 커튼박스 내부는 중앙 170~180mm, 안쪽 140~150mm로 붙이며, 반
   자돌림대(몰딩) 상단의 끝선에서 마무리한다(가설물의 치수를 실측한 후
   작업한다).

❷ 안쪽의 벽지는 몰딩에서 30mm 정도로 넘기고, 벽지의 겹침은 10mm로
   하며 반자돌림대에 칼받이(5T)를 대고 도련한다.

❸ 바른 자세로 천장의 무늬를 맞춘다.
（실기시험에는 무늬가 없는 벽지이다.）

2 소폭벽지(A벽)

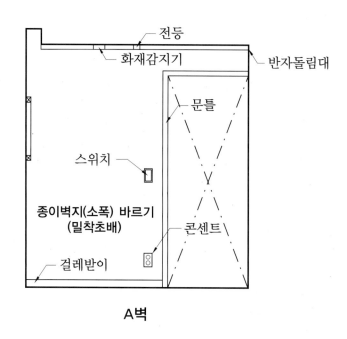

A벽

(1) 작업 방법

재단

2,400mm × 3장

400mm × 2장

(2) 작업 지시

① 첫 번째 벽지는 커튼박스의 내부를 올려붙인 다음, B벽 쪽 인코너 부분을 10mm로 넘기고 바른다.

② 두 번째 벽지의 겹침폭은 겹침선만큼 겹치도록 붙여주고, 반자돌림대의 마감은 칼받이(5T)를 이용해 도련한다.

③ 세 번째 벽지는 폭 430mm로 재단하여 겹침선만큼 겹치게 붙여주고, 문 상의 꼭지점에서 일직선으로 도련한 후 문틀의 모서리 부분을 꺾어 붙이고, 문상 쪽으로 10mm 접어 도련한다.

④ 겹침선 방향은 안쪽으로 향하여 문상을 붙인다.

⑤ 벽지를 평평하게 붙인 후 스위치, 콘센트를 모양대로 도련한 후 콘센트 커버를 제자리에 부착한다.

⑥ 문틀의 모서리에 넘어오는 벽지를 칼받이(5T)를 대고 도련하여 마무리 한다(걸레받이의 부분도 칼받이(5T)로 도련).

⑦ 벽지의 겹침선이 벌어져 있는 부분이 있으면 주걱칼의 주걱으로 살짝 눌러주고 최종 마무리는 물걸레로 겹침선을 닦아준다.

⑧ 작업이 끝나면 주름 없이 잘 붙었는지, 도련이 안 된 것이 없는지를 잘 확인한 후 다음 작업을 수행한다.

소폭벽지(A벽)

1. 붙이는 방향은 안쪽에서 바깥쪽으로 붙인다.
2. 첫 장은 B벽 쪽으로 10mm를 넘기고, 주름지지 않게 붙인다.
3. 두 번째 벽지의 겹침선만큼 겹치도록 붙이고, 반자돌림대와 걸레받이 마감은 칼받이 (5T)를 이용하여 도련한다.
4. 세 번째 벽지는 폭 430mm로 재단하여 벽지의 겹침선만큼 겹치게 붙여주고, 문상의 벽 지를 문상 쪽으로 10mm 남겨 벽지를 접어 도련한다.
5. 출입문 문틀 부분과 걸레받이 부분의 벽지는 칼받이(5T)를 이용하여 도련한다.
6. 스위치와 콘센트는 모양대로 도련해 준다.
7. 주름과 기포가 없이 시공한다.

(3) 소폭벽지(A벽) 시공 실습

첫 폭은 B벽 쪽 인코너 부분에 10mm 넘기고, 커튼박스 내부를 올려서 바른 다음, 출입문 쪽으로 넘어오는 벽지를 10mm 겹칠 부분만 남겨두고 도련하여 그 위에 출입문의 문상을 바른다.

2-2 광폭벽지의 정배

- 붙이는 방향은 바깥쪽에서 안쪽으로 하여 붙인다.
- 종이벽지는 겹침 시공하며, 무늬벽지의 경우 벽지의 이음 부분은 무늬를 맞춰 바른다.
- C벽에서 보 하부와 접하는 부분에 벽지의 겹침을 두어야 하며, 겹침의 폭은 10mm로 한다.
- 벽체(C벽은 보)와 연결되는 커튼박스 부분은 정배 시 쪽(벽지의 조각)을 사용하지 않고 벽체(C벽은 보)와 한 장으로 한다.
- 종이벽지가 50mm 이상 파손된 경우는 실격에 해당된다.
- 벽지의 이음 부분이 단지의 중앙에서 50mm 이상 벗어난 경우는 실격에 해당된다.
- 무늬 맞추기의 치수오차 ±20mm 이상인 경우는 실격에 해당된다.
- 도배지의 상, 하단이 바뀐 경우는 실격에 해당된다.

보 상부의 모서리

보 하부와 접하는 벽체 부분

바깥쪽의 합판 끝선

C벽의 부분 설명

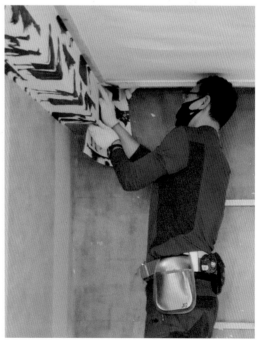

C벽의 보 상부 모서리 바르기

① 광폭벽지의 정배작업 방법 (1)

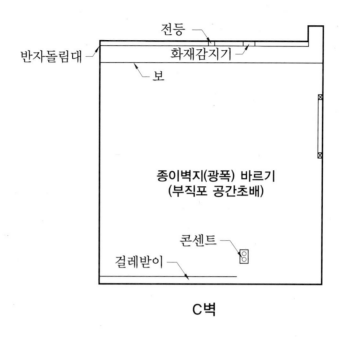

C벽

(1) 재단

① 보 상부

  2,600mm × 3장

② 보 하부

  2,080mm × 3장

(2) 작업 지시

① 먼저 2,600mm × 3장을 재단한 후 벽지의 상단을 기준으로 520mm × 3 장으로 만든다.

② 520mm × 1장은 벽지의 하단 길이에서 160mm로 접는다(160mm로 접 는 이유는 접힌 부분을 보 상부의 모서리 부분에 일직선으로 벽지를 붙 이는 작업이다).

③ 첫 번째의 벽지는 바깥쪽의 합판 끝선에 30mm로 넘기고 시작한다(보 상부와 보 하부의 첫 번째 벽지).

④ 보 하부에는 부직포가 시공되어 있으므로 주의해서 작업을 수행하도록 한다.

⑤ 벽지의 겹침선이 벌어져 있는 부분이 있으면 살짝 눌러주고 최종 마무리는 물걸레로 이음매를 닦아준다.

(3) 보 상부 시공

① 이 작업은 160mm로 접힌 부분을 보 상부 모서리에 일직선으로 맞추어 붙인다(보 하부에는 마감칼질 없이 작업한다).

② 보 상부 시공은 첫 번째 160mm로 접힌 벽지를 보 상부의 모서리 부분에 일직선으로 맞추어 붙인 다음, 바깥의 합판 끝선 부분에 30mm를 넘기고 시작하여 벽지의 폭은 900mm만 바른다.

③ 반자돌림대(몰딩)에 넘어오는 벽지를 칼받이(5T)를 대고 도련한다(보 하부와 접하는 벽체 부분에는 10mm만 남는다).

④ 두 번째 벽지는 첫 번째 벽지의 무늬를 맞추어 붙인다.

⑤ 세 번째 벽지는 붙이는 길이(실제의 길이는 270mm가 필요하나 여유분을 주어서 350mm로 도련)를 계산하여 남은 부분(약 −70mm)을 도련한다.

⑥ 두 번째 벽지와 세 번째 벽지의 무늬를 맞추어서 마무리한다(B벽 쪽으로 넘어선 10mm를 남기고 도련한다).

> 참고 벽지를 붙일 길이는 900mm + 930mm + 350mm(B벽 쪽 10mm 겹침 포함) = 2,180mm이며(약 −70mm 도련), C벽의 실제 길이는 2,100mm이다.

⑦ 벽지의 겹침에 벌어져 있는 부분이 있으면 살짝 눌러주고 최종 마무리는 물걸레로 겹침선를 닦아준다.

⑧ 이 방법대로 하면 보 하부와 접하는 벽체 부분에는 벽지를 자르지 않아도 된다.

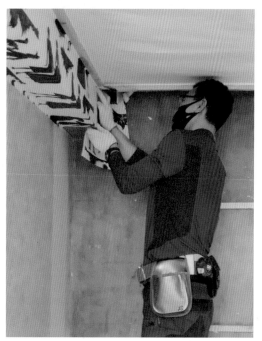

160mm로 접힌 부분을 보 상부 모서리에 일직선으로 맞추어 붙인다.

보 상부 시공

(4) 보 하부 시공

① 첫 번째 벽지는 바깥쪽의 합판 끝선 부분에 30mm를 넘겨 900mm만 수직으로 잘 쓸어내려 바른다.

② 보 하부와 접하는 부분에는 벽지의 무늬 모양을 맞추어주며, 보 하부와 접하는 벽체 부분은 약 2mm로 올려 겹쳐지게 바른다.

③ 바깥쪽의 합판 끝선에 넘어선(30mm 정도) 벽지를 칼받이(5T)를 이용하여 도련한다.

④ 두 번째와 세 번째 벽지는 채점되는 부분(무늬 맞추기)이므로 각별히 무늬맞춤에 주의하여 정배작업을 하도록 한다(콘센트 도련 여부를 확인하여 작업을 수행한다).

⑤ 세 번째 벽지는 폭 350mm로 도련하여 커튼박스 내부까지 붙이며, B벽 쪽으로 넘어선 벽지를 도련하기 전에 먼저 주걱칼의 주걱을 이용하여 B벽 쪽 모서리 부분을 살짝 각을 주고 10mm 남기고 도련한다(-70mm 정도 도련하면 된다).

⑥ 보 상부와 하부의 벽지 겹침선 부분에 벽지가 벌어져 있는 경우 겹침선을 눌러주어 붙게 하고, 최종적으로 물걸레로 겹침선 부분을 눌러 닦아준다(겹침선 부분이 잘 붙는다).

⑦ 이 작업 방법(1)은 정배작업 시 부스가 수직 상태, 합판 상태(틀림 현상)가 불량할 때 사용하는 시공 방법 중 하나이며, 재단의 상태가 올바르지 않을 때 쓰이는 방법이다.

광폭벽지의 정배작업 방법 (1)

1. 벽지의 상단 무늬를 기준으로 하여 2,600mm×3장을 재단한다.
2. 2,600mm 벽지를 상단 기준으로 하여 520mm×3장으로 만든 다음, 520mm×1장은 벽지의 하단 길이에서 160mm로 접는다.
3. 바깥쪽 합판 끝선에 30mm를 넘기고, 접힌 부분(160mm)을 보 상부의 모서리에 일직선으로 맞추어 첫 장을 붙인다(이 방법으로 하는 이유는 보 하부와 접하는 벽체 부분은 도련 없이 작업하기 위해서이다).
4. 보 하부와 접하는 벽체 부분에 약 2mm 정도로 덮어서 올려주고, 양쪽으로 무늬를 맞추어 비틀면서 무늬 모양 부분을 덮어준다(재단 상태가 올바르지 않을 때 사용하면 좋다).
5. 보 하부 면에는 부직포가 붙어있는 상태라서 벽지에 뒤엉켜서 떨어지지 않으므로 주의하여 작업을 수행하도록 한다.

2 광폭벽지의 정배작업 방법 (2)

(1) 재단

① 보 상부

  350mm×2장

  520mm×1장(커튼박스)

② 보 하부

  2,080mm×3장

(2) 작업 지시

① 이 작업은 160mm로 접힌 부분을 보 상부의 모서리에 맞추어 붙이며, 바깥쪽의 합판 끝선에 벽지의 겹침선 부분을 포개어 붙이는 작업이다.

② 먼저 520mm×3장을 재단한다.

③ 520mm×2장은 벽지 하단(아래쪽)을 잰 길이에서 350mm×2장으로 재단한다(벽지 하단을 기준하여 벽지 상단에서 도련한다).

④ 350mm×1장은 벽지 하단의 길이에서 160mm 부분을 일직선으로 접는다.

⑤ 160mm으로 접힌 부분을 보 상부의 모서리에 맞추어 준다.

⑥ 520mm×1장은 커튼박스를 사용한다.

⑦ 보 상부와 보 하부의 첫 번째 벽지는 바깥쪽의 합판 끝선에 벽지의 겹침 선 부분을 포개어 합판의 라인을 따라 잘 쓸어내려서 붙인다.

⑧ 보 하부에는 부직포가 시공되어 있으므로 주의해서 작업을 한다.

(3) 보 상부 시공

① 350mm×2장은 첫 번째와 두 번째의 벽지를 바른 후 작업을 수행하고, 520mm×1장은 커튼박스를 사용한다.

② 160mm로 접힌 부분을 보 상부의 모서리 기준에 맞춘다.

③ 바깥쪽의 합판 끝선에 벽지의 겹침선 부분을 포개지게 붙이고, 접힌 (160mm) 벽지의 부분은 보 상부의 모서리에 기준을 맞추어 손을 이용 하여 벽지의 양방향으로 쓸면서 붙인다.

④ 보 하부와 접하는 벽체 부분은 10mm로 남기며, 잘라내지 않아도 된다.

⑤ 반자돌림대(몰딩)에 올라오는 벽지를 칼받이(5T)를 이용하여 도련한다 (약 20mm 도련).

⑥ 두 번째 벽지는 첫 번째 붙인 벽지와 무늬를 맞추어 붙이고, 세 번째 벽 지 530mm×1장(폭 350mm으로 도련)은 두 번째 벽지의 무늬에 맞추 어 붙이며, 커튼박스 내부로 올린 후 도련칼(주걱칼) 또는 가위를 사용하 여 마무리 작업을 수행한다.

⑦ B벽 쪽으로 넘어선 벽지를 도련하기 전에 먼저 주걱칼의 주걱을 이용하 여 B벽 쪽 모서리의 부분을 살짝 각을 주어 10mm로 남기고 도련한다.

(4) 보 하부 시공

① 보 하부는 2,080mm×3장을 가지고 작업을 수행한다.

② 첫 번째 벽지는 보 하부와 접하는 벽체 부분에 약 2mm 정도로 겹치게 바른 후, 보 하부와 접하는 부분에 벽지의 무늬를 맞추고 바깥쪽 합판 끝 선에 벽지의 겹침선 부분을 덮어서 직선으로 벽지를 쓸어내려서 바른다.

③ 보 하부와 접하는 부분에서 벽지의 약 2mm 정도를 올려 덮어서 바르는 것은 벽지의 재단 상태가 올바르지 않을 때 사용할 수 있는 방법이며, 보 하부의 정배작업에도 용이하다.

④ 두 번째 벽지는 무늬를 맞추고, 그 무늬를 맞추기 위해 보 하부와 접하는 벽체 부분에서 약 200~300mm 아래의 지점에 있는 무늬를 정하여 그 지점부터 무늬맞춤을 하고, 보 상부 쪽(위로)으로 올라가면서 무늬를 맞추어 붙이며, 아래로 내려가면서 무늬맞춤을 하여 정배작업을 한다.

⑤ 그 이유는 위에서부터 아래로 무늬맞춤을 하는 것이 일반적이나, 부직포가 붙어있는(부직포 덜 마름) 상태에서는 위에서 아래로 붙일 때 벽지가 한쪽으로 기울어져 주름이 생길 경우 무늬를 맞추기 위해 벽지를 떼었다 붙이기를 반복적으로 하게 되는데, 이때 부직포가 뒤엉켜 붙을 수 있으므로 벽지를 붙이기가 상당히 힘들고 시간적인 낭비가 많으므로 한번에 작업을 수행하도록 한다.

⑥ 보 하부와 접하는 벽체 부분에서 아래로 약 200~300mm 위치부터는 무늬맞춤이 잘 드러나는(눈에 잘 띄는) 지점이므로 무늬가 어긋남이 없도록 주의하여 작업을 수행한다.

⑦ 두 번째 벽지를 붙이는 면에는 콘센트가 설치되어 있으므로 콘센트는 덮개만 분리하여 콘센트 모양으로 정교히 도련(칼질)한 다음, 제자리에 부착하여야 한다(특히 잘 잊어버릴 수 있으므로 각별히 신경을 써서 작업에 임하도록 한다).

⑧ 두 번째, 세 번째 벽지를 바르는 면에도 벽지의 겹침 상태, 그리고 무늬맞춤이 눈에 잘 띄는 곳이니 각별히 무늬맞춤에 주의하여 작업에 임하도록 한다.

⑨ 세 번째 벽지는 두 번째 벽지를 붙이는 방법으로 하며, 도배의 가설물 C 벽의 폭 길이가 2,150mm임을 감안하면 930mm×2폭=1,860mm이며, 벽지의 붙이는 폭 길이는 290mm+10mm(겹침)=300mm을 필요로 하나, 시험장의 가설물 크기는 일부 상이할 수 있으니 +50mm의 여유분을 주어 벽지의 폭 350mm으로 도련한 후 벽지의 무늬를 맞추어 B벽 쪽

으로 넘어선 벽지를 10mm만 남겨두고 도련한다(가설물의 치수를 실측한 후 작업을 한다).

⑩ 보 상부, 하부의 겹침선 부분에는 도련칼 위에 달린 주걱칼의 주걱을 이용하여 벽지의 벌어져 있는 겹침선을 눌러주어 붙게 하고, 최종적으로 부직포를 물걸레로 만들어서 겹침선 부분을 눌러 닦아준다(겹침선 부분이 잘 붙는다).

되짚어 보기

광폭벽지의 정배작업 방법 (2)

1. 520mm×3장을 먼저 재단한다.
2. 520mm×2장은 벽지 하단(아래쪽)의 길이에서 잰 350mm×2장으로 만든다(벽지의 하단 부분을 기준하여 상단에서 도련).
3. 350mm×2장 중 1장은 벽지의 하단 길이에서 160mm 부분을 접는다.
4. 520mm×1장은 커튼박스의 길이를 사용한다.
5. 이 방법은 반자돌림대(몰딩)에 넘어선 벽지(약 200mm 정도)가 아래로 처져서 떨어지는 것을 방지하기 위해 벽지의 길이 350mm로 재단하여 붙인다. 또 하나는 보 하부와 접하는 벽체 부분을 마감칼질 없이 작업을 한다(가설물의 치수가 보 상부 약 180mm, 보 하부 약 150mm임을 감안하여 350mm로 재단).
6. 또 다른 방법으로는 몰딩 쪽으로 넘어오는 벽지를 약 150mm 정도를 도련칼 또는 가위를 이용하여 도련한 후 정배작업하는 방법도 있다.
7. 가설물의 치수는 부스마다 다소 오차가 있으니 실측 후 작업을 수행한다.

③ 광폭벽지의 정배작업 방법 (3)

(1) 재단

① 보 상부

520mm×3장

② 보 하부

2,080mm×3장

(2) 작업 지시

① 벽지 상단의 무늬를 기준으로 하여 520mm×3장을 재단한다.

② 520mm×3장 중 1장은 벽지 하단의 길이에서 10mm 부분을 접는다 (10mm 접힌 부분은 보 하부와 접하는 벽체 부분에 붙인다).

③ 보 상부와 보 하부의 첫 번째 벽지는 바깥쪽의 합판끝선에 벽지의 겹침선 부분만을 포개어 합판 라인을 따라 수직으로 바른다.

④ 벽지의 겹침선이 벌어져 있는 부분이 있으면 살짝 눌러주고 최종 마무리는 물걸레로 겹침선을 닦아준다.

⑤ 보 하부에는 부직포가 시공되어 있으므로 주의해서 작업을 수행한다.

(3) 보 상부 시공

① 이 방식은 보 하부와 접하는 벽체 부분을 10mm로 남겨두고 붙이기 시작하여 보 상부에서 마무리하는 작업이다(보 하부와 접하는 벽체 부분에 마감칼질 없이 작업을 수행하기 위해서다).

② 첫 번째 벽지는 보 하부와 접하는 벽체 부분에 벽지의 하단 10mm 접힌 부분을 맞대어 붙이고(10mm 꺾은 부분), 보 상부 위로(반자돌림대 쪽으로) 올라오면서 바깥쪽의 합판끝선 부분에 벽지의 겹침선을 덮어서 작업을 수행한다.

③ 반자돌림대(몰딩)에 올라선 벽지를 칼받이(5T)를 이용하여 도련한다.

④ 두 번째 벽지는 보 상부에 첫 폭의 무늬를 맞추어 붙인다.

⑤ 마지막의 벽지는 폭 350mm(여유분 있음)로 하여 커튼박스 내부까지 붙이고, B쪽으로 넘어선 벽지를 도련하기 전에 주걱칼의 주걱을 이용하여 B벽 쪽 모서리 부분을 살짝 각을 주어 칼받이를 대고 10mm로 도련한다.

(4) 보 하부 시공

① 보 하부와 접하는 벽체 부분에 벽지를 겹쳐지게 하여 보 상부에서 내려오는 무늬의 모양을 맞추어 약 2mm 정도로 올려서 바른 후, 바깥쪽 합판끝선에 벽지의 겹침선을 덮어서 일직선으로 벽지를 쓸어내려 준다.

② 하부에는 부직포가 붙임 상태라 벽지와 부직포가 서로 뒤엉켜 있어 정배 솔질로 벽지를 쓸어주거나, 주름지는 것을 없애기가 상당히 힘들므로 양손을 써서 문지르거나 당겨주고 비비거나 하여 작업을 수행한다(솔질하는 것보다 양손을 써서 하는 것이 시간적인 면에서 효율적이다).

③ 두 번째 벽지는 무늬를 맞추고 그 무늬를 맞추기 위해 보 하부와 접하는 벽체 부분에서 약 200~300mm 아래의 무늬 부분을 정하여 그 지점부터 무늬맞춤을 한다. 보 상부 쪽(위로)으로 무늬를 맞추어 붙인 다음, 아래로 내려가면서 무늬를 맞추어 붙인다(콘센트 도련).

④ 위에서부터 아래로 무늬를 맞추는 것은 일반적이나 부직포가 붙어있는 (부직포 덜 마름) 상태에서는 위에서부터 아래로 벽지를 붙이면 무늬가 한쪽으로 쏠리거나 주름이 생긴다.

⑤ 그로인해 벽지를 떼었다 붙였다를 반복적으로 하다보면 부직포가 뒤엉켜 붙을 수 있으므로 벽지를 붙이기가 상당히 힘들고 시간적인 낭비가 많다. 그래서 보 하부와 접하는 벽체 부분에서 약 300~400mm 아래 지점부터 무늬맞춤하고, 보 상단(보 하부와 접하는 벽체 부분) 쪽으로 올라가면서 무늬를 맞추어 붙인다.

⑥ 위(보 상부)로 붙인 다음, 아래(보 하부)로 내려가면서 무늬맞춤을 하여 걸레받이 부근에서는 벽지의 가장자리 부분을 양손을 사용하여 살짝 아래로 당겨준다.

⑦ 세 번째 벽지는 폭 350mm로 도련한 후 커튼박스 내부로 올려 바르고,
B벽 쪽(모서리에 살짝 각을 준다)으로 10mm 도련한다.

4 광폭벽지의 정배작업 방법 (4)

(1) 재단

보 상·하부

2,600mm × 3장

(2) 작업 지시

① 이 작업은 2,600mm × 3장을 보 상부와 보 하부에 바른다.

② 보 상부와 보 하부의 첫 번째 벽지는 바깥쪽의 합판끝선에 맞추어 벽지
의 겹침선 부분만 포개어 합판의 라인을 따라 잘 쓸어내려서 바른다.

③ 벽지의 겹침선이 벌어져 있는 부분이 있으면 살짝 눌러주고, 최종 마무
리는 물걸레로 이음매를 닦아준다.

④ 보 하부에는 부직포가 시공되어 있으므로 주의해서 작업을 수행한다.

⑤ 벽지를 떼었다 붙였다를 반복적으로 하다보면 부직포가 덜 마른 상태라
부직포가 뒤엉켜 붙을 수 있으니 조심하여 작업을 수행한다.

(3) 보 상·하부 시공

① 벽지 2,600mm × 1장을 가지고 커튼박스의 높이만큼 올려서 바른 후 합
판의 끝선에 겹침선 만큼 붙여주고 보 상부를 바른다.

② 보 하부와 접하는 벽체 부분에 10mm만 남기고 도련한다.

③ 잘린 부분을 10mm만큼 벽지를 덮어주고(포개어 주고) 벽지 무늬의 형
태(모양)를 맞추어 약 2mm 올려 겹쳐지게 바른다.

④ 바깥쪽의 합판끝선에 벽지의 겹침 부분을 덮어서 수직으로 붙인 후 주름
지지 않게 잘 붙여준다.

⑤ 보 하부 시공 시 벽지를 떼었다 붙였다를 반복적으로 하다보면 부직포가 덜 마른 상태라 부직포가 뒤엉켜 붙을 수 있으니 조심하여 작업을 수행한다.

⑥ 첫 번째 벽지와 두 번째 벽지에서는 보 하부와 접하는 벽체 부분에 벽지의 겹침 부분과 벽지의 무늬 모양을 맞추어서 작업을 수행한다(겹침은 무늬를 맞춰 겹쳐주면 된다).

⑦ 세 번째 벽지는 폭 350mm를 도련하며, 무늬를 맞추어 커튼박스의 내부를 올려 바른 후, 보 하부와 접하는 벽체 부분에 10mm로 도련한다. 무늬맞춤을 하며, B쪽으로 넘어선 벽지의 10mm만 남기고 도련한다.

⑧ 보 하부와 접하는 벽체 부분에서 잘린 벽지의 부분을 10mm로 겹쳐지게 하고, 보 하부와 접하는 부분에 벽지의 무늬 모양을 맞추어 약 2mm 정도로 올려 겹치게 바른다(첫 번째, 두 번째, 세 번째 벽지의 시공 시).

⑨ 벽지의 겹침 부분은 물걸레로 닦아준다(밀착이 잘된다).

⑩ 무늬가 맞으면 벽지의 겹침선이 바르게 붙었다고 할 수 있다.

⑪ 콘센트 부위를 도련하지 않고 마무리하는 경우가 많은데 C벽의 정배작업이 끝나면 꼭 확인을 한다.

⑫ 작업 방법 (4)는 대부분의 수험자가 작업하는 방법 중 하나이다.

작업 방법 (1)~(4)는 각자가 맞는 방법을 택하여 작업을 수행한다.

광폭벽지의 정배

1. 붙이는 방향은 바깥쪽에서 시작하여 안쪽으로 붙인다.
2. 합판끝선에 겹침선 만큼 겹쳐지게 하여 붙이며, 벽지의 겹침은 무늬를 맞춰 겹쳐주면 된다.
3. 보 하부 시공 시 보 하부와 접하는 벽체 부분을 약 2mm 정도 벽지를 겹쳐지게 바른다.
4. 보 하부와 접하는 벽체 부분에 약 200~300mm 아래의 지점부터 벽지의 무늬맞춤을 한다.
5. 벽지의 무늬가 맞게 잘 붙여 있는지를 확인한 후 다음 작업을 수행한다(꼭 확인!).

5 광폭벽지 시공 실습

(1) 광폭벽지 풀칠

❶ 보 상부(520mm), 보 하부(2,080mm)를 풀칠한다.

❷ 접기는 치마주름접기로 하여 벽지의 상단 부분과 벽지의 하단 부분을 서로 마주보게 접는다.

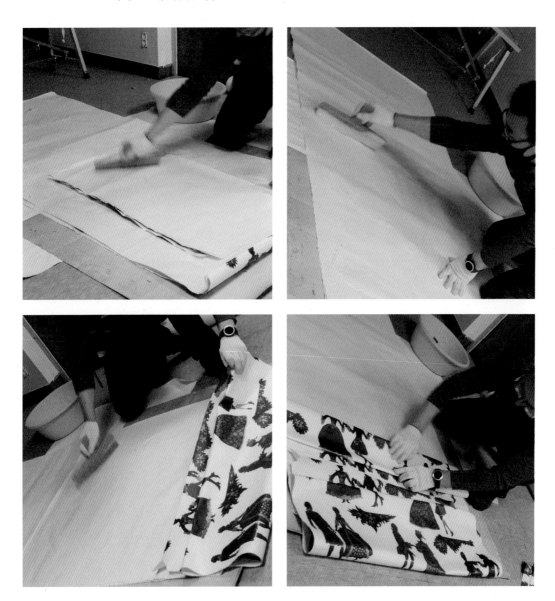

(2) 광폭벽지 바르기

❶ 첫 폭은 C벽 바깥쪽의 합판끝선에 30mm를 넘기고 폭 900mm로 작업을 수행한다(재단의 상태가 올바르지 않을 때 쓰이는 방법 중의 하나이다).

❷ 반자돌림대에 넘어오는 벽지를 칼받이(5T)를 대고 자른다.

❸ 보 하부와 접하는 벽체 부분에 겹침을 두어야 하며, 겹침의 폭을 10mm로 하여 무늬를 맞춰서 작업을 수행한다.

❹ 보 하부와 벽체 부분에 겹침 10mm를 하고, 보 하부는 부직포 시공되어 있으므로 주의해서 작업에 임한다.

❺ 보 하부 시공 시 바깥쪽의 합판끝선 30mm를 넘기고 하는 작업이다(다른 방법으로는 바깥쪽의 합판끝선을 벽지의 겹침선 부분만 덮어서 작업하는 방법도 있다).

❻ 두 번째 벽지와 세 번째 벽지는 특히 무늬맞춤에 신경을 써서 작업에 임하도록 한다(콘센트 도련 확인).

C벽의 무늬 있는 두 종류의 광폭벽지가 완성된 모습

2-3 실크벽지의 정배

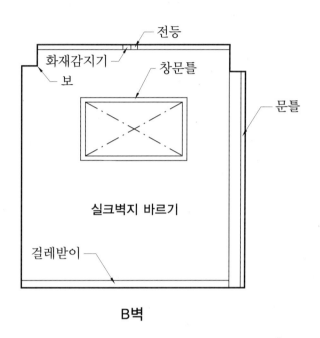

B벽

- 실크벽지는 맞땜 시공하며, 무늬벽지인 경우 벽지의 이음 부분은 무늬를 맞추어 작업한다.
- 정배작업은 천장과 벽체의 종이벽지를 빠짐없이 시공한 후 실크벽지를 바른다.
- 벽지의 이음 부분은 ±2mm 이상인 경우는 실격에 해당된다.
- 무늬 맞추기의 치수오차가 ±20mm 이상인 경우는 실격에 해당된다.
- 벽지의 이음 부분이 단지의 중앙에서 50mm 이상 벗어난 경우는 실격에 해당된다.
- 실크벽지가 50mm 이상 파손된 경우는 실격에 해당된다.
- 실크벽지가 완전히 밀착(공기층)되지 않을 경우 또한 주름이 생기는 경우가 없도록 작업을 수행한다.
- 벽지의 이음매는 도배용 롤러를 사용하여 돌출되는 이음매를 문질러 준다.

(1) 작업 방법

재단

2,600mm × 3장

(2) 작업 지시

① 실크벽지의 경우 찢어지지 않게 조심하여 작업에 임한다.

② 실크벽지는 소폭벽지, 광폭벽지를 빠짐없이 시공한 후 실크벽지를 된풀로 풀칠하여 바로 붙이는 작업을 수행한다.

③ 벽지의 보관 상태에 따라 제품의 품질이 좌우되며, 시공 방식도 다르게 하여야 하므로 본 도서에서는 된풀로 풀칠하여 불림이 없이 바로 정배작업을 수행한다.

④ 바깥쪽(정면)에서 볼 때 오른쪽부터 붙이기 시작하여 왼쪽에서 최종 마무리를 한다.

⑤ 실크벽지의 이음매는 살짝 포개듯이 하여 이음매 부분을 도배용 롤러로 눌러 문질러 준다.

⑥ 실크벽지의 작업은 마지막 공정이므로 세심하게 작업에 임하도록 한다.

⑦ 전체의 과정을 점검하며 부족한 부분을 바로잡아 고친다.

(3) 첫 장의 실크벽지 시공

① 첫 폭은 먼저 오른발등 위에 벽지를 올려놓고 벽지를 널찍하게 펼쳐 벽지 상단 부분을 약 30mm 정도로 올려서 붙이고, A벽의 인코너(모서리 부분)에 벽지의 접힌 부분은 펼쳐 내린다(발등에 벽지를 올린 이유는 벽지를 펼칠 때 찢어지는 것을 방지하기 위해서이다).

② 벽지는 손을 사용하여 인코너 부분을 수직으로 쭉 내려가면서 두 손으로 벽지의 하단 부분을 살짝 아래로 당겨주며 사선으로 벽지의 면을 쓸거나 당기면서 주름지는 것을 없애준다.

③ 창틀 주변에는 벽지를 평평하게 사선 방향으로 당겨주는 것이 중요하다.

④ 창틀의 모서리 부분에 주름이나 접힌 자국이 있다고 해서 벽지를 떼었

붙였다 해서는 안 된다(벽지가 늘어져 무늬를 맞추기가 어렵고 무늬가 어긋날 경우가 있다).

⑤ 주름 등이 있을 때 좌우 또는 사선으로 당겨주거나 밀어주거나 하여 벽지를 평평하게 펴준다(이때 풀의 농도가 묽으면 당기고 밀어주고 하는 것은 어렵다).

⑥ 벽지 상단 부분과 창틀 부분, 걸레받이 부분을 칼질마감한다.

첫 장의 실크벽지 시공

1. 붙이는 방향은 오른쪽에서 왼쪽 방향으로 작업한다.
2. 벽지의 30mm 부분을 커튼박스 상단 쪽으로 올려 A벽의 인코너 부분을 수직으로 내린다.
3. 창틀 부분을 평평하게 만든다.
4. 커튼박스 상단 쪽의 벽지를 칼받이(3T)로 도련하며, 창틀과 걸레받이 부분은 칼받이(5T)로 도련해 준다.

(4) 둘째 장의 실크벽지 시공

① 두 번째 벽지 붙이는 방법은 창하 부분에서 걸레받이의 끝선까지 무늬맞춤을 하고, 위로 올라가면서 창상 부분의 무늬를 맞추는 작업이다.

② 두 번째 폭은 커튼박스 상단 기점에서 약 100mm 정도 아래로 살짝 벽지를 붙이고, 하단으로 내려와 접힌 벽지의 하단 부분 벽지를 펼쳐 내려준다.

③ 무늬 맞추기를 하기 위해 창하의 약 200mm 아래 지점부터 첫 번째 벽지의 이음 부분까지 무늬 맞추기를 해주며, 벽지의 이음 부분과 무늬를 잘 맞추어 걸레받이의 끝선까지 내려가면서 무늬 맞추기를 하고, 창하 쪽으로 올라오면서 잘 맞추어 준다.

④ 다음 단계는 창상 위의 벽지를 약간 몸 쪽으로 들어올려 커튼박스 상단에 살짝 당기어 밀면서 밀착시킨 후 무늬맞춤과 벽지의 이음 부분을 정리해 준다.

⑤ 창문틀 주변의 모서리 부분에 주름이 생기거나 틀어짐이 있을 때는 양손을 사용하여 이리저리 밀거나 당기거나 해서 벽지가 울지 않게 평평하게 해준다(주름이 있을 시 감점이 될 수 있다).

⑥ 주름 등이 있을 때 좌우 또는 사선으로 당겨주거나 밀어주거나 하여 벽지를 평평하게 펴준다(이때 풀의 농도가 묽으면 당기고 밀어주고 하는 것이 어렵다).

⑦ 창하 부분은 정배 솔질을 하여도 무방하나, 좁은 공간에서 솔질 작업을 하다 보면 솔질로 인해 벽지에 부딪쳐 찢어질 수 있다. 이때 양손을 사용하는 것이 안전하며, 벽지의 붙임 시 작업 시간을 단축시킬 수 있다(최종 마무리 작업은 정배 솔질로 하여 공기층을 빼준다).

⑧ 창하 부분은 벽지의 무늬 모양(형태), 무늬 맞추기의 치수오차가 눈에 잘 보이는 장소이므로 집중적으로 확인하면서 작업에 임하도록 한다. 특히 이 장소는 벽지가 잘 찢어지고 주름이 생길 수 있는 지점이므로 주의하여 작업에 임한다.

⑨ 벽지의 창상, 창하 부분은 무늬맞춤을 확인한 후 이음매 부위를 도배용 롤러로 문질러 주고, 이음 부분의 돌출(튀어나온) 부위를 정리한 후 벽지를 도련한다.

⑩ C벽 인코너 쪽으로 넘어선 벽지를 도련할 때 먼저 주걱칼의 주걱을 이용하여 B벽 쪽 모서리 부분에 각을 살짝 주며, 칼받이(3T)를 대고 도련한다(C벽 쪽에 벽지 부분을 칼집이 들어가지 않도록 조심하게 도련한다).

⑪ 벽지의 상단 부분과 창틀 부분, 걸레받이 부분을 칼질마감한다.

⑫ 벽지의 무늬맞춤과 이음 부분이 치수오차가 있는지, 벽지의 주름과 밀착(공기층)되어 있는지를 확인하여 최종 마무리 작업을 수행한다.

둘째 장의 실크벽지 시공

1. 두 번째 벽지는 100mm 정도 아래에서 첫 번째 벽지의 상단 이음 부분을 대충 맞추고 벽지의 접힌 부분을 내려준다.

2. 창틀 4면의 꼭짓점 부분에 벽지가 울지 않게 평평하게 해주는 것이 중요하다.

3. 창하의 약 200mm 아래 지점부터 걸레받이 부분까지 무늬 맞추기를 하여 창하 쪽으로 올라오면서 무늬맞춤을 한다(넓은 면부터 무늬맞춤을 하는 것이 수월하다).

4. 창틀 4면의 꼭짓점 벽지는 평평하게 해준다.

5. 창틀의 모서리 부분에 주름이나 접힌 자국이 있다고 해서 벽지를 떼었다 붙였다 해서는 안 된다(벽지가 늘어져 무늬 맞추기가 어렵고 무늬가 어긋날 경우가 있다).

6. C벽 쪽 인코너 부분에 벽지가 잘리지 않도록 조심하여 칼질(도련)을 수행한다.

7. 벽지의 이음선은 롤러를 이용해 벌어짐이나 겹침이 없이 잘 눌러준다.

8. 커튼박스 상단 쪽의 벽지와 C벽 쪽 벽지의 꺾이는 부분은 3T 칼받이로 도련하며, 창틀과 걸레받이 부분은 5T 칼받이로 도련한다.

실크벽지의 정배 작업 방법의 요약

① 첫 장의 벽지를 시작할 때 A벽 쪽 모서리 부분에 일직선으로 맞추어 벽지를 바른다.

② 실크벽지의 첫 장은 커튼박스의 상단 쪽으로 약 30mm 올려서 바른다.

③ 실크벽지의 둘째 장은 커튼박스의 상단에서 약 100mm 내려서 벽지를 붙인다.

④ 약 100mm 아래로 내려서 붙인 경우는 창하(下) 아래 부분부터 무늬를 맞추기 시작하여 커튼박스 쪽으로 쉽게 무늬맞춤을 하기 위한 작업이다.

⑤ 둘째 장은 약 100mm 아래로 내려서 살짝 붙이고 창하 부분부터 무늬맞춤을 하고 창상(上) 쪽으로 올라가면서 무늬맞춤을 하는 작업이다(넓은 면부터 무늬맞춤을 하는 것이 수월하다).

⑥ B벽에는 평평한 면이 아니라 창틀이라는 장애물이 있으므로 위에서 아래로 붙일 경우 돌출된 창틀로 인해 벽지가 반듯하게 펼쳐지는 것이 아니라 한쪽 방향으로 틀어진다. 틀어진 벽지는 무늬를 맞추기가 어려워 창상의 길이보다 긴 창하에서 무늬맞춤하기가 쉽고, 돌출된 부분(창틀)에는 벽지를 사선 방향으로 밀거나 당겨주면서 벽지를 평평하게 한 다음 창틀 주변에 벽지를 도련해 준다.

⑦ 창틀의 모서리에 주름이나 접힌 벽지를 사선 방향으로 손을 이용하여 밀어내거나 당겨주면서 벽지를 평평하게 해준다(밀착되지 않은 곳이 있거나 주름이 있는 경우에는 감점이 될 수 있다).

⑧ 첫째 폭은 약 50mm 올려주고, 둘째 폭은 100mm 아래로 내려서 벽지의 무늬를 맞추면 쉽다.

⑨ 모든 공정의 작업이 끝나면 화재감지기, 스위치, 콘센트 등 빠짐이 없는지를 확인한다.

(5) 실크벽지 시공 실습

된풀칠로 하고, 접기는 치마주름식으로 하여 서로 마주보게 접는다.

❶ 오른손을 사용하여 커튼박스 상단 부분을 약 30mm 정도로 벽지를 올린 후 A벽의 인코너 부분에 수직으로 내려준다(이때 왼손은 벽지의 가장자리 부분을 살짝 들어준다).

❷ 벽지의 이음 부분과 A벽 모서리 라인 부분에 맞물리게 하여 벽지를 잘 쓸어내린다.

❸ 창틀 부분의 돌출로 인해 벽지의 쏠림현상이 발생하므로 창틀 부분과 걸레받이 부분을 양손을 이용하여 사선 방향으로 벽지를 밀고 당기고를 하여 쏠림현상을 없애준다.

❹ 실크벽지 작업 시 주름 또는 무늬 맞추기를 할 때에는 양손을 사용하는 것이 작업에 능률적이다.

❺ 창상 부분과 창하 부분은 벽지의 쏠림현상이 없도록 한다.

❻ 두 번째 벽지는 첫째 폭의 무늬를 약 100mm 아래로 내려서 붙인다(무늬 맞추기가 쉽다).

❼ 창틀 아래에서 약 200mm 지점부터 무늬 맞추기를 한다.

❽ 창틀 부분의 벽지를 무늬 맞추기한 후, 커튼박스 상단의 벽지를 평평하게 만든다.

❾ 커튼박스 상단의 벽지를 몸 쪽으로 떼어서 쭉 당기면서 벽지의 상단 무늬를 맞대어 붙인다.

❿ 실크벽지의 칼질은 광폭벽지보다 약간 약하게 해준다.

⓫ 실크벽지의 이음 부분을 롤러로 문질러 주어 최종 마무리를 수행한다.

⓬ 실크벽지의 작업이 끝나면 수정할 부분이 있으면 바로 수정해서 작업을 마무리한다.

정배작업 요약하기

1. 정배 재단

① 소폭벽지(2롤)

- 천장 : 2,100mm×4장
- A벽 : 2,400mm×3장

  문상 : 400mm×2장
- 커튼박스(1장) : 중앙 170~180mm, 안쪽 140~150mm

  (몰딩 상단의 끝선에서 마감한다.)

② 광폭벽지(7,800mm) – 무늬의 간격 520mm인 경우

- C벽 보 상부 : 520mm×3장
- C벽 보 하부 : 2,080mm×3장

③ B벽 실크벽지 – 무늬의 간격 520mm인 경우

2,600mm×2장으로 재단한다.

2. 정배 풀칠 준비

① 깔기 순서

실크벽지 → 광폭벽지 → 소폭벽지(A벽) → 천장 소폭벽지

② 풀칠 순서

천장 소폭벽지 → 소폭벽지(A벽) → 광폭벽지 → 실크벽지

③ 시공 순서

천장 소폭벽지 → 소폭벽지(A벽) → 광폭벽지 → 실크벽지

3. 정배작업 동선

① 천장 소폭벽지(무늬 없음) : 1차 정배작업
② A벽 소폭벽지(무늬 없음) : 2차 정배작업
③ C벽 광폭벽지(무늬 있음) : 3차 정배작업
④ B벽 실크벽지(무늬 있음) : 4차 정배작업
   (1차~3차 정배작업 후 작업한다.)

4. 시험재료와 사용량의 비교

(지급재료 목록에서 m로 되어 있어 m로 표기함)

① **소폭벽지**

25m×2롤 → 필요량 18m / 6.5m 남는다.

② **광폭벽지**

8.85m×0.5롤 → 필요량 780m / 1.5m 남는다.

③ **실크벽지**

7.8m×0.5롤 → 필요량 5.2m / 2.6m 남는다.

④ 지급된 재료량과 사용량을 비교하여 시험에 임하도록 한다(재료의 수급에 따라 다소 변경될 수 있다).

도배 전체 과정 따라하기

01 보수초배(겉지의 폭 100mm, 속지의 폭 50mm)의 치수재기와 도련을 한다.

02 심지의 폭 300mm를 치수재기와 2등분 접기를 한다. 2등분(300mm) 접기한 후, 다시 2등분(150mm)으로 접기를 한다.

03 초배는 $\frac{1}{2}$분(15장)으로 재단한 초배지를 모서리의 양쪽으로 밀어서 비늘 모양(간격은 10~15mm 정도)으로 밀어내기를 한다.

04 각 초배지를 2등분으로 접은 다음, 다시 접기를 한다.

05 C벽의 부직포 공간초배 풀칠(폭 100mm) 및 하단부터 시공을 한다.

06 부직포 상단을 붙이기한 후 심지의 붙이는 자리를 표시한다.

07 심지 표시 자리는 심지의 중앙에 위치하도록 한다.

08 천장의 힘받이를 풀칠하여 바른다.

09 보수초배는 C벽, B벽, A벽 순으로 작업을 수행한다.

10 A벽의 밀착초배를 풀칠하여 바른다.

11 천장 공간초배를 풀칠하여 바른다.

12 가로 6줄, 세로 5줄 30장으로 공간초배를 한다.

13 천장면 정배 시 먼저 커튼박스(중앙 170~180mm, 안쪽 140~150mm)를 재단하여 바른다.

14 천장 정배 시 첫째 폭과 둘째 폭은 벽지의 온장으로 사용한다.

15 A벽의 소폭벽지 정배 시 커튼박스 내부를 올려 바른 후, B벽 쪽 인코너에 10mm 넘기고 수직으로 내려오면서 붙인다.

16 C벽의 보 상부 부분 작업 시 보 하부와 접하는 벽체 부분에 칼질 없이 작업을
수행한다.

17 C벽의 보 하부 무늬를 맞추어서 작업을 수행한다.

18 B벽의 실크벽지는 오른쪽 → 왼쪽 방향으로 첫 장을 바른다.

19 실크벽지의 무늬 맞추기를 하여 벽지의 이음매 부분을 롤러로 문질러준다.

도배(초배, 정배)작업의 완성도

초배작업 완성도

정배작업 완성도

4

도배기능사 도면 실습

도배기능사 도면 실습

1 도배 실습 부스 구조

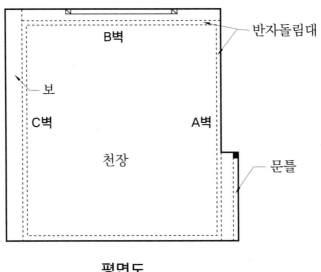

평면도

정배작업 전 모든 초배지 작업을 아래 순서와 같이 우선 작업을 진행한다.
(① 부직포 ② 보수초배 ③ 힘받이 ④ 운용지(심지)

▣ 도배 실습 순서

1. 천장+커튼박스

① 힘받이

② 공간초배

③ 정배(소폭벽지)

2. A벽

① 보수초배

② 밀착초배

③ 정배(소폭벽지)

3. C벽

① 보수초배

② 부직포

② 운용지(심지)

③ 정배(광폭벽지)

4. B벽

① 보수초배

② 운용지(심지)

③ 정배(실크)

▣ 재단 순서

1. 초배지 총 37장 준비

① 힘받이+보수초배 재단(11장 온장)

　100mm(22장), 50mm(22장)

② 부직포 길이 : 2,250mm(2장)

③ 운용지 재단폭 300mm, 8장(4장 온장)

④ 공간초배(15장 온장)

⑤ 밀착초배(11장 온장)

2. 천장+A벽(소폭벽지 2롤)

소폭벽지 준비(폭 : 530mm)

① 천장 길이 : 210cm×4장

② 천장 커튼박스 : 2100mm×1장

　(중앙 170~180mm, 안쪽 140~150mm)

③ A벽 길이 : 2,400mm×3장

④ A벽 문상 : 길이 400mm(2장)

3. B벽(실크벽지) : 7,800mm(0.5롤)

① 실크벽지 준비(폭 : 1,060mm)

② 길이 방향 : 2,600mm(2장 재단)

4. C벽(광폭벽지) : 8,850mm(0.5롤)

① 광폭벽지 준비(폭 : 930mm)

② 길이 방향 : 2,600mm×3장 재단

2 ▶ 초배 – 1차 공정

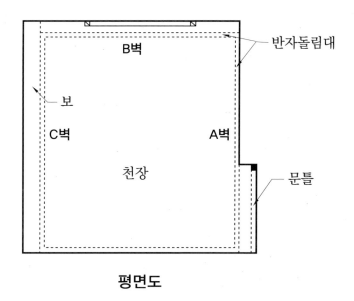

평면도

1 힘받이+보수초배 작업

① 묽은 풀 준비

② 힘받이용 초배지 준비(11장)

③ 보수 초배지 준비(11장)

※ 보수초배(네바리)는 C벽 보의 모서리, B벽 창상, 창하 부분, A벽 합판 이음매, 출입문 부근의 모서리 보수초배 작업을 실시하며, 겹침은 10mm로 한다.

이때 C벽 기준으로 동시에 힘받이와 보수초배를 C → B → A → 바깥쪽 방향으로 마무리한다.

② 부직포 작업

① 아주 된풀 준비(생풀)

② C벽 모서리(가장자리) 4곳에 폭 100mm로 풀 도포

③ 가로 방향(하단, 상단) 2장 시공(2,250mm × 2장)

④ 콘센트 가장자리 풀칠의 폭은 100mm로 한다.

③ 운용지(심지) 작업

① 묽은 풀 준비

② C벽의 좌측(바깥쪽) 모서리 기준 930mm × 2군데를 기준선(상단, 중간, 하단) 3개소를 그어 기준을 정한다.

③ C벽 심지 폭 300mm 5장을 그어진 기준선을 중앙으로 부착한다.

④ B벽은 보수초배가 완료된 중앙부를 기준(창상, 창하) 심지의 3장을 부착한다.

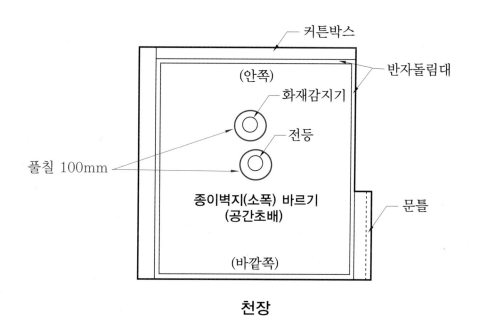

천장

3 천장 −2차 공정

▣ 작업 순서

1. 공간초배 작업

공간 초배지 준비(15장 온장)

① 시공방법은 바깥쪽에서 붙이기 시작하여 안쪽에서 최종 마무리한다.

② 아주 된풀로 공간초배의 가로×세로로 120mm 정도 겹쳐지게 붙이되, 가로 6장, 세로 5장으로 총 30장 이상 공간초배 작업을 수행한다.

③ 초배작업 시 화재감지기 및 전등은 100mm 폭으로 생풀칠(아주 된풀)한다.

2. 정배작업(무늬 없음)

소폭벽지 준비

- 2100mm×4장
- 커튼박스(1장) : 중앙 170~180mm(1장), 안쪽 140~150mm(1장)

① 시공방법은 안쪽에서 시작하여 바깥쪽으로 붙인다.

② 안쪽 반자돌림대(몰딩) 기준 첫째 장은 30mm로 넘기고 시작한다.

③ 첫째 장 50mm 이상 부착 시 실격에 해당되므로 반자돌림대 기준 30mm을 준수(넘기고)하며, 겹침폭은 10mm로 한다.

④ 마지막 공정으로 벽지 겹침선은 헤라로 눌러주며, 칼받이(5T)를 이용하여 반자돌림대(몰딩)에 벽지를 도련한다.

⑤ 커튼박스는 각 모서리 10mm 기준으로 부착한다.

4 **A벽 – 3차 공정**

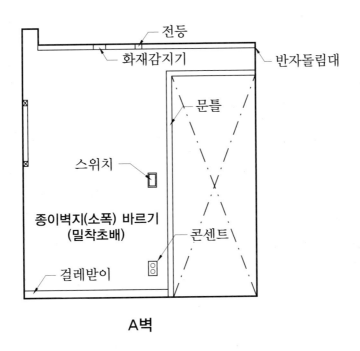

전등
화재감지기
반자돌림대
문틀
스위치
종이벽지(소폭) 바르기
(밀착초배)
콘센트
걸레받이

A벽

■ **작업 순서**

1. 밀착초배 작업

묽은 풀 준비

밀착 초배지 준비(11장 온장)

① 시공방법은 안쪽에서 붙이기 시작하여 바깥쪽에서 최종 마무리한다.

② 지급된 재료를 사용하여 보수초배 작업을 실시하며, 10mm 겹침으로 부착한다.

③ 밀착초배 작업 시 10mm 겹침으로 반복적으로 부착한다.

   (부착 시 첫째 줄은 3장, 둘째 줄은 2장×4줄=8장해서 11장으로 시공한다.)

2. 정배작업(무늬 없음)

소폭벽지 준비

2,400mm × 3장

400mm × 2장(문상)

① B벽 쪽으로 겹침선을 10mm 넘기고, 수직으로 부착하며, 이후 다음 장부터 동일하게 벽지 겹침선만 겹침하여 부착한다.

　(A벽면 스위치 및 콘센트 박스 도련 후 필히 덮개를 부착한다.)

② 작업 완료 후 남는 부위는 칼받이(5T)를 이용하여 도련한다.

5 C벽 – 4차 공정

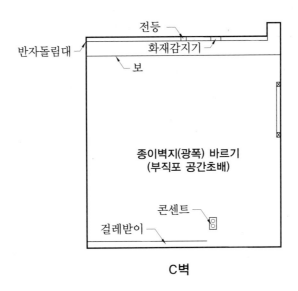

C벽

■ **작업 순서**

정배작업(무늬 간격 : 520mm인 경우)

장폭 합지

520mm×3장(보 상부), 2,080mm×3장(보 하부)

① 시공방법은 바깥쪽에서 붙이기 시작하여 안쪽에서 최종 마무리한다.

② 첫째 폭(보 상부와 보 하부)은 C벽 바깥쪽 합판선을 기준에 맞추어 벽지의 겹침선을 살짝 포개어 바른다.

③ 보 하부와 접하는 벽체 부분(벽체가 만나는 코너 부분)에 벽지 겹침을 위한 10mm를 두며, 무늬를 맞춘다.

④ 보 부분 시공

  • 520mm×2장

  • 폭 350mm×1장 재단, B벽 쪽으로 10mm만 남기고 도련한다.

⑤ 보 하부 부분 시공

  • 2,080mm×2장

  • 폭 350mm×1장 재단, B벽 쪽으로 10mm만 남기고 도련한다.

6 B벽 – 5차 공정

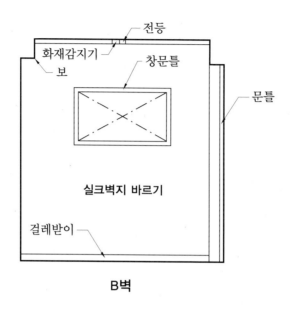

전등

화재감지기

보

창문틀

문틀

실크벽지 바르기

걸레받이

B벽

▣ 작업 순서

정배작업

실크벽지 준비(무늬 간격 : 520mm인 경우)

2,600mm × 2장

① 시공 방법은 오른쪽에서 왼쪽 방향으로 시공한다.

② 첫번째 실크벽지는 A벽 수직으로 모서리 부분을 기준하여 부착한다.

③ 두 번째 실크벽지는 첫번째 실크벽지의 끝선과 무늬를 맞추어 부착하되, 창하에서 시작하여 창상으로 무늬를 맞추어 부착한다.

④ 창문틀을 도련할 시 벽지가 찢어지지 않도록 유념하여 작업한다.

⑤ 모든 작업 완료 시 각 모서리는 칼받이(3T~5T)를 대고 도련한다.

⑥ 총 작업 소요시간은 3시간 10분으로 끝내도록 한다.

⑦ 최종 작업 완료 시 부족한 부분은 필히 점검하여 감점을 최소화한다.

부록

도배기능사 가설물 도면

※ 실제 시험장에 설치되어 있는 가설물의 크기는 일부 상이할 수 있음

도배기능사 가설물 도면

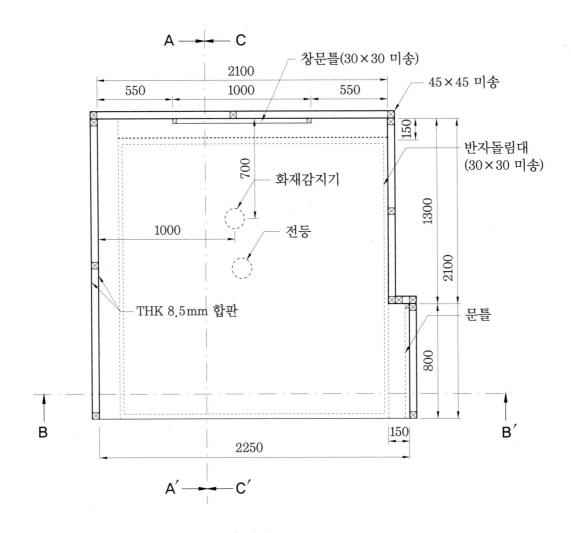

평면도

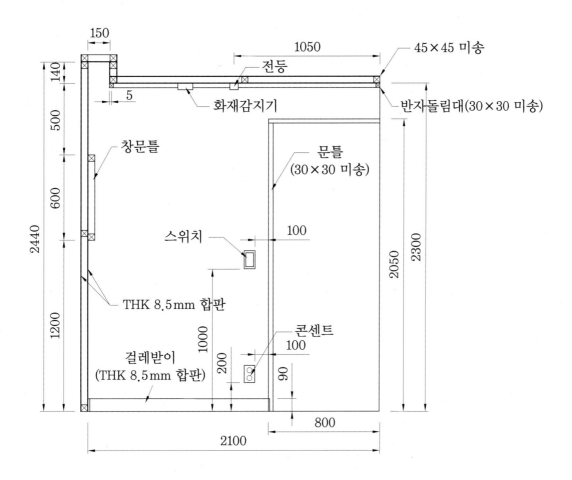

A-A′ 단면도

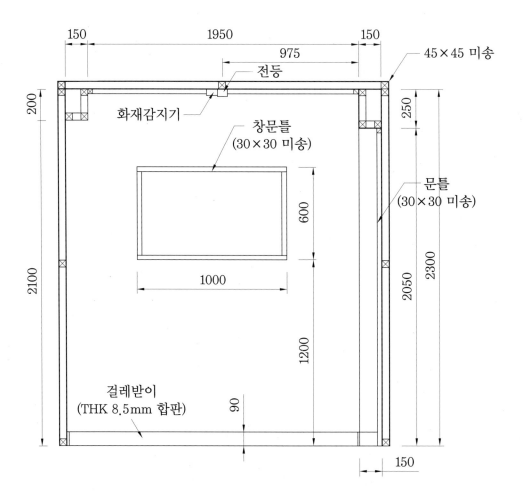

B-B′ 단면도

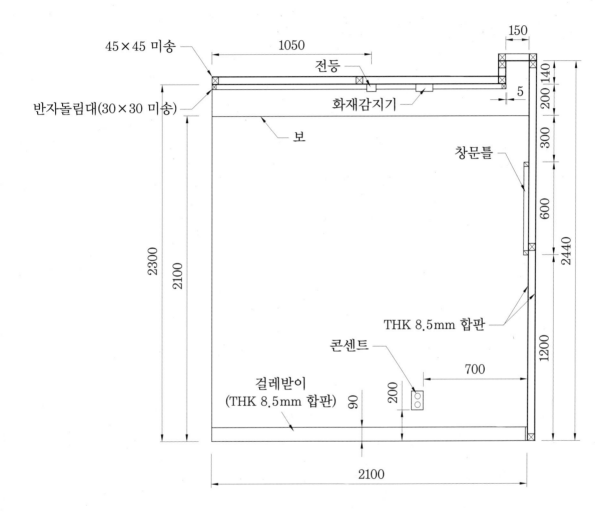

45×45 미송

1050

전등

150

반자돌림대(30×30 미송)

화재감지기

보

창문틀

THK 8.5mm 합판

콘센트

걸레받이
(THK 8.5mm 합판)

140
200
300
600
2440
1200

700

200

90

2300
2100

2100

5

C-C′ 단면도

도배기능사 가설물 사진

※ 전등은 리셉터클(원형 ϕ53.5mm, 높이 45mm 정도)만 설치

※ 화재감지기(원형 ϕ110mm, 높이 40mm 정도), 스위치(76×123×7mm 정도),
　콘센트(매입형, 76×123×9mm 정도) 설치

　– 화재감지기, 스위치, 콘센트는 덮개를 분리하여 작업할 수 있도록 설치

※ 합판 이음 개소는 벽면당 1개소가 되도록 제작

도배기능사 실기

2023년 6월 10일 인쇄
2023년 6월 15일 발행

저자 : 윤석종
펴낸이 : 이정일

펴낸곳 : 도서출판 **일진사**
www.iljinsa.com
(우)04317 서울시 용산구 효창원로 64길 6
대표전화 : 704-1616, 팩스 : 715-3536
이메일 : webmaster@iljinsa.com
등록번호 : 제1979-000009호(1979.4.2)

값 20,000원

ISBN : 978-89-429-1894-2